XINLI ZIXUN DIANXING ANLI

心理咨询典型案例

杨　群　施旺红　主编

西北大学出版社
·西安·

图书在版编目（CIP）数据

心理咨询典型案例 / 杨群，施旺红主编. -- 西安：
西北大学出版社，2024.6. -- ISBN 978-7-5604-5419-1

Ⅰ. B849.1

中国国家版本馆 CIP 数据核字第 202425CD97 号

心理咨询典型案例
XINLI ZIXUN DIANXING ANLI

杨　群　　施旺红　　主编

出版发行　西北大学出版社

（西北大学校内　邮编：710069　电话：029-88303404）

http://nwupress.nwu.edu.cn　　E-mail: xdpress@nwu.edu.cn

经　　销	全国新华书店	
印　　刷	西安华新彩印有限责任公司	
开　　本	787 毫米×1092 毫米　　1/16	
印　　张	12.75	
版　　次	2024 年 6 月第 1 版	
印　　次	2024 年 6 月第 1 次印刷	
字　　数	206 千字	
书　　号	ISBN 978-7-5604-5419-1	
定　　价	36.00 元	

前　言

在快节奏的现代生活中，心理健康日益成为社会各界关注的焦点。面对生活的压力、人际关系的复杂以及自我认知的困惑，许多人都在寻找心灵的慰藉与成长的路径。《心理咨询典型案例》正是在这样的背景下应运而生，旨在通过一系列真实而典型的心理咨询案例，为读者揭开心理咨询的神秘面纱，提供实用的心理调适方法与深刻的自我反思空间，也为心理咨询从业者提供心理咨询技术与方法指导。

本书精心挑选了多个具有代表性的心理咨询案例，涵盖了情感困扰、职业发展、家庭关系、自我认同等多个维度，每个案例都经过精心整理与匿名处理，以保护当事人的隐私。通过深入剖析咨询过程、展现咨询师与来访者之间的互动，以及最终达成理解与改变，力图让读者感受到心理咨询的力量与温度。

我们相信，每一个案例都是一面镜子，不仅映照来访者的内心世界，也启发每一位读者自我觉察与成长。书中不仅呈现了咨询的技巧与方法，更重要的是传递了一种人文关怀——在理解与接纳中，共同探索心灵的深度与广度。

《心理咨询典型案例》适合心理学爱好者、心理咨询师、教育工作者以及所有对心理健康感兴趣的读者阅读。我们期待这本书能成为读者心灵旅程中的一盏明灯，引导读者走向更加光明与和谐的内心世界，也相信这本书能够成为从业者的案头参考书。

在编写过程中，我们努力践行着伦理准则的要求，所有咨询师提供的案例都经过来访者的同意，并且签订了书面知情同意书。这本书不仅凝聚着所有编者的心血，也得到了各位来访者的大力支持，在此一并表示衷心的感谢！

愿您在阅读中收获智慧，在思考中拥抱成长。

目　录

第七章　其他心理问题

第一章
人际关系引发的心理问题

主动说曾试图自杀的小钱

个案介绍

小钱，男，22岁，在单位领导的建议下来做心理咨询。小钱之前一直在外地培训，刚到单位不到两个月。其他同事都是在本单位进行培训，互相熟识，只有他一个人在外地培训。他性格内向，极少和其他同事交流，素质较弱，各项成绩都排名垫底。领导反映小钱最近出现两次极端行为，均被拦下。

主诉

"来到这里不到两个月的时间，不想与别人交流，觉得自己变内向了，开始自我封闭，羡慕别人能一起聊天、互相开玩笑。"自诉近两个月，有过一次自杀行为和一次自残行为。一次夜里11点钟，想偷偷吃掉多片用来治头痛的布洛芬止痛片，以结束自己的生命，被室友发现，及时拦下。另一次用小水果刀扎伤自己的小腿，被室友发现并制止（查看小钱右小腿，近踝部可见约1厘米长的浅疤痕）。夜间入睡困难，一般躺床上需要一两个小时才能入睡，并且睡不踏实，每夜醒4~5次，醒来后过一段时间才能入睡。

1

成长经历

父母均为油田职工，长年在外地工作。从初中开始，小钱基本自己一个人生活。他有一个姐姐，已结婚成家。家族里无精神类疾病史。

经历的重要事件

（1）从单位领导处得知，小钱在外地培训时经常请病假，不能参加培训。到单位不到两个月的时间里，也总是说肩痛、头痛，不能正常工作，然而多次前往医院检查，无阳性表现及诊断明确的疾病。领导观察其不合群。睡眠饮食可。吃多片止痛片时被发现，并没有服下去；主诉的刀割伤，其实是擦伤，被小钱夸大。

（2）小钱自己反映，和同事缺乏交流，心里特别想和他们在一起，但考虑自己是新加入的，别的同事已经很熟悉了，自己的情绪大部分时间比较低落，没法与其他人同步，不想和别人聊天，与其他人不合拍，关系越来越生疏。自己感到被孤立。

（3）小钱属于同事中年龄较大的，之前有 4 年在小公司做财务的工作经历，能胜任工作，但对之前那份工作没有什么兴趣，与前同事相处关系也一般。平日一般独来独往，不大和别人打交道，自己也没有特别的爱好。

（4）小钱说自己的一名初中同学在高中阶段因为学习压力大，跳楼自杀了。他认为这名同学太不值得，考不上大学就考不上呗，为什么要结束自己的生命？

问题评估

小钱来到新单位两个月出现抑郁的症状，绝望、孤独、愉悦感和兴趣减退、内疚、悲观自责、想结束生命。有退缩行为，不愿和同事接触，出现头痛、肩痛，无法放松，食欲下降，入睡困难。SCL-90 测评结果显示：抑郁因子 3.6 分、焦虑因子 3 分、人际关系敏感因子 2.6 分、躯体化因子 2.8 分。SDS 检测显示为重度抑郁。咨询师评估为严重心理问题。

咨询方法及设置

运用认知行为疗法。此疗法的基本假设是问题的产生并不是由外界事件引起，而是对这些事件的一些态度、看法、评价等引起的，也就是认知引领了行为，产生了情绪。要帮助小钱解决心理问题，不是去改变外部的世界，而要通过重构合理的认知和态度，促使情绪和行为发生改变，让小钱能够接受一种新的行为方式。经和小钱商定后，咨询设置为每周 1 次，每次 50 分钟。

咨询目标

短期咨询目标是解决抑郁情绪和身体不适症状，能参加正常训练和工作。长期心理咨询目标是改变自我认知、增强自信，掌握人际交往技能，改善人际关系。

咨询过程

1. 咨询初期（2 次咨询）

此阶段主要是收集资料、建立咨访关系、激发动机、建立治疗同盟，以接纳、共情、积极关注的态度为来访者服务。小钱领悟力较高，在初期建立了较好的互相信任的咨访关系。也从小钱的单位领导处了解到小钱的一些情况。小钱惧怕、逃避，认为自己无法融入集体，引发了抑郁状态，用身体不适、情绪不佳、自伤行为支持自己不能胜任的行为，也回避和同事之间的交往。和小钱协商制定以下治疗目标：①参加日常训练。②在单位能和一两位同期同事交心聊天、做朋友。

2. 咨询中期（4 次咨询）

此阶段识别小钱的困境是训练跟不上，当他想努力时，就会出现这样的自动思维："我年龄大，精力差，再努力也赶不上他们。""我是新来的，不像他们已经相处半年了，我没能力，我很失败。他们看不起我、不会接纳我。"在这些负性自动思维的指引下，小钱出现抑郁情绪、停止努力训练和逃避的行为反应，以及头痛、肩痛的生理反应，出现负面的、悲观的想法，感到绝望，从而产生自杀想法和行为。

咨询中不断和小钱探讨支撑这些想法的证据是什么，反对这些想法的证据是什么，有没有其他的解释和观点；按照小钱的想法，最坏会发生什么；如果真的发生了，小钱如何去应付；最好的结果是什么；如果有一位同事处在和自己一样的情境里，自己会对他说些什么。通过提问，探索小钱深层的功能失调性假设是"我是无力承担的，我身体是虚弱的、容易生病的，我是无能的"，与其早年形成的潜在的认知结构有关。

和小钱一起商量用行为检验一下"年龄大，精力差，努力也赶不上别人"的自动思维，给他看比他年龄大的同事的考核成绩表，看看同事的成绩排在什么位置，详细统计并请小钱分析思考。和小钱一起检验"我是新加入的，我不被同事们接纳"的自动思维。让小钱在单位主动和两三名同事聊天，记录几次比较顺利，及几次被拒绝。

引导小钱用 0～100％尺度量表法评定情绪的强度和对自动性思维的相信程度。每周完成至少 3 次的思维记录。先写下事情发生的时间和内容，然后写事件发生时自己的情绪怎样，最后写下如何看待和评价这件事。后期学会识别并改变观念。

建议小钱体验和自己身体的不适感共处，不去试着消除这类头痛、肩痛。教小钱呼吸放松法，当感到头痛、肩痛时暗示自己，身体并没有严重的疾病，不管它，不关心，让它痛吧，我继续做我的事或者做 10 分钟呼吸放松，再去观察身体不适感对自己的影响力。

3. 咨询后期（2 次咨询）

巩固前期治疗效果，使来访者认知有这种"虽然我有不足和劣势，但我有能力，可以改变现状，可以实现自己的发展道路"的变化。评估咨询效果，教会来访者在今后训练工作和交友中遇到问题时如何理解和分析。

效果评估

（1）来访者自我评估：感觉经过两个多月的咨询，情绪状态改变很多，觉得自已有力量了，自信心有所增强，与别人交往时有勇气了，心里想什么可以说出来了，不再有别人都看不起自己的感觉了。找到了今后发展的方向，收获很大。

（2）来访者单位领导的评估：小钱能正常工作，有进步。开始和单位一位同乡聊得来，互相信任，关系较亲密。

（3）咨询师的评估：来访者内省力较好，咨询过程比较顺利，效果也比较明显。咨询结束时，SCL-90 测评结果显示：抑郁因子 1.6 分、焦虑因子 1.2 分、人际关系敏感因子 1.4 分、躯体化因子 1.8 分。测评结果正常。

参考文献

［1］杜布森. 认知行为治疗手册［M］. 李占江，译. 北京：人民卫生出版社，2015.

［2］郑日昌，江光荣，伍新春. 当代心理咨询与治疗体系［M］. 北京：高等教育出版社，2006.

［3］王长虹，丛中. 临床心理治疗学［M］. 北京：人民军医出版社，2004.

［4］全国卫生专业技术资格考试用书编写专家委员会. 心理治疗学［M］. 北京：人民卫生出版社，2017.

毕业后刚工作的烦恼

个案介绍

小杨，男，24岁，身高1.76米，年轻帅气，从师范大学毕业，在家人建议下到外地的事业单位工作。小杨做事追求完美，工作3个月以来，表现出明显的焦虑、抑郁、失眠问题、食欲下降、易烦躁、易哭泣等情绪、行为和躯体症状。最近一周发展为害怕与同事交流、注意力不集中，以致影响日常工作和人际关系。他总是感觉大家对自己有偏见，明知这种反应是不必要的，但不能克制，因此感到痛苦，并伴随情绪低落；在与人说话时总是低着头，不敢正视别人，情绪表现为紧张伴心慌、脸红、气促。为此他找过单位领导谈心，但情况没有好转，焦躁忧愁的他在领导的建议下，主动前来咨询。

主诉

"工作3个月了，每天只想回家，晚上都要醒好多次，醒了就很难再睡了，感觉精神都快崩溃了。有几次半夜醒来的时候，甚至有过割腕或者逃跑的念头，但我知道这样不对，还是控制住了自己。我想离开的原因有很多：一是到这儿工作是父母的意思，并非我所愿；二是我自己身体也不好，感觉恋家情绪比较重，经常晚上睡不着，流泪想家；三是自己跟同事关系处不好，感觉大家都看不起我。另外，我觉得在其他地方发展更好，在这儿有太多的束缚，啥都不想做，每天都觉得很累，所以啥都做不好。我去找过单位领导谈心，他也说了很多有道理的话，但我还是觉得难过，希望不再这么痛苦。听领导说可以做心理咨询，我就过来了。"

成长经历

小杨出生在大城市，家庭条件优越。父亲是公务员，是一个部门的领导；母亲是一家外企的高管。父母结婚较晚，妈妈 32 岁才生了小杨。小杨出生后，父母工作忙，小杨一直跟奶奶一起生活。因小杨是家族这一辈中唯一的男孩，叔叔、姑姑也特别疼爱他，照顾得无微不至。从小他想要的东西就一定要得到，否则就哭闹不止，家人因为心疼就会马上满足他。爸爸很少管小杨，妈妈则对他期望和要求很高，从小就给他报了各种兴趣班、辅导班，要求小杨学习拔尖，考不好就会惩罚他。奶奶、姑姑则护着他不让妈妈管，也曾因此引发家庭矛盾。高中毕业后他考入市里的一所师范大学，父母感觉小杨未来就业前景不好，就安排他进入事业单位工作。

经历的重要事件

（1）妈妈描述，小杨小的时候，妈妈每周末从奶奶家接他回家，刚回到家里，他会很开心地黏着妈妈，过一会儿就会跟妈妈吵闹；当妈妈周内送他到奶奶家时，他又会哭闹，指责妈妈不喜欢他、不想和他在一起。

（2）6 岁时，小杨因上学回到父母身边，和父母一起生活，但总是生病，奶奶来照顾一段时间就好了。高一时奶奶去世，经妈妈回忆，小杨非常悲伤地说："奶奶不在了，我该怎么活？"

（3）从小到大，学校组织的外出集体活动，小杨从未参加过。15 岁时，学校组织夏令营，其他同学都参加，但小杨拒绝参加，他跟妈妈和老师说："我不喜欢陌生的地方，也不愿意去。"他也没有特别要好的朋友。

问题评估

该案例属于适应不良并伴有内在依恋关系问题，有焦虑、抑郁状态、躯体化表现，有自杀意念，社会功能有一定程度的受损。SCL-90 测评结果显示：焦虑因子 3.2 分、抑郁因子 3.4 分、人际关系敏感因子 3.3 分、偏执因子 2.9 分、敌对因子 2.4 分。医院诊断为适应障碍。

小杨的家庭成长过程，使他与重要他人的依恋关系出现问题，极其缺乏安全感，不愿相信他人，但又很依赖家人，从而形成焦虑-矛盾型的不安全依恋模式，以致影响他的压力适应和自我调节等方面的能力。对于他来说，自我调节和管理情绪是十分困难的，当面对失去、分离和生活过渡期等挑战时，问题会变得尤为突出。

上学后，与父母一起生活反倒总是生病，也是躯体化的表现，用身体生病得到妈妈的陪伴、奶奶的照顾。奶奶的去世，给小杨的心理造成一定的创伤，但未得到有效处置，也影响着他的心理健康。离开了家，来到外地的单位工作对他来说，心理上的影响很大，从而出现生理、心理、社会适应方面的症状，影响了生活、工作，使社会功能受损。

咨询方法及设置

咨询师综合分析后，觉得这个案例适合运用认知咨询技术，因为小杨领悟性较好，主动性强，而且咨询师擅长认知行为咨询。经和小杨商定后，咨询设置为初期每周 2 次，中期之后每周 1 次，每次 50 分钟。咨询方式是面询。

咨询目标

短期咨询目标是解决焦虑情绪和生理症状，能适应工作，恢复社会功能。长期目标是理解症状背后的原因和依恋问题，改善人际关系，提高适应能力和情绪调节能力，促进自我成长。

咨询过程

1. 咨询初期（4 次咨询）

此阶段主要是收集资料、建立咨访关系、建立治疗同盟，以接纳、共情、积极关注的态度为来访者服务。该来访者有一定程度的内省力，在初期建立了较好的互相信任的咨访关系。

2. 咨询中期（12 次咨询）

此阶段主要是使小杨意识到不合理信念，识别自动化思维，重新关注到自己好的方面，相信自身有足够的能力解决问题，主动做出行为调整。肯定小杨主动咨询、直面困难并想办法解决困难的勇气。让他认识到自己产生症状是由于存在一定程度的适应不良、人际关系紧张、负性情绪较重、关注问题多、对自己否定多，而自己又没有有效的应对方式。要让他自己找到好的情况，比如关注什么时候、什么情况下感觉适应良好，与他人交流愉快，对这些行为和情绪要给予强化鼓励。

小杨觉得自己"适合在其他地方发展，在本单位啥都不想做，有太多的束缚，每天觉得很累，所以啥都做不好"。①引导小杨发现每个人在进入新环境时都有一个适应过程，促使小杨思考，内心是不是把"在本单位发展"与"在其他地方发展"放在同一水平线上比较，有没有在本单位做得好的事，并请他逐条写出来。结果他发现做得好的事比做不好的事多得多，只是现在把注意力都放在了"糟糕"的事上，忽略了周围好的情况，他的情绪发生了明显的变化。②共同探讨为什么会出现这些负性情绪。小杨说"从一开始就是家里安排的，我不适合这个单位"。有这种不合理信念的存在，就很不利于小杨对工作的适应。而他觉得最近出现的不愉快体验与别人对他的态度有关，他认为大家都不喜欢他，有意识地对付他。支持这个想法的证据是因为他不会玩扑克，但总是有人邀他参与，牌打不好就会有人说他，于是他就认为大家不喜欢他。这种想法的结果是令他很伤心、愤怒，因此会疏远大家，他感觉很不快乐，也影响了他的生活状态。

"苏格拉底式"提问使小杨认识到自己的问题的矛盾性：如果你讨厌一个人，你一定不愿意和他一起娱乐。而同事并没有说过什么或做过什么表明他们对小杨的不满，起源只是因为小杨出错了牌，他们有人指责和嘲笑他，小杨就以偏概全地认为大家看不起他。而实际上，大家这种行为也不是针对小杨的，其他人之间也互相指责，可能是他们玩扑克时过于投入，出现了过激的言行。小杨改变了自己的想法，主动找同事交流，把事情了解清楚，学习他人经验的同时改善了人际关系，也释放了情绪。同时，他也学会了情绪控制的技巧，发现情绪的选择模式很有趣，任何特定的时候，都能做出合适的选择。经过这个阶段的工作后，小杨的情绪开始平稳，失眠问题也得到了一定程度的缓解。咨询进行到3个月之后，小杨能够调整好情绪状态，顺利完成各项任务。

3. 咨询后期（4次咨询）

巩固前期治疗效果，使来访者进一步深入理解心理过程的变化对情绪和行为的影响。评估咨询效果，教会来访者在今后的生活中遇到问题时如何理解和分析，同时处理分离焦虑。

效果评估

（1）来访者自我评估：感觉经过4个多月的咨询，情绪处理能力明显提高了，会从不同的角度看事情，从前很纠结的东西，自己能够做出合理的调整，不再困惑。找到了今后改变和成长的方向，收获很大。以后需要时，还想继续寻求咨询。

（2）来访者妈妈的评估：理解了这一切之后，虽然感到有点心酸、有点内疚，认识到自己过去没有更多关注小杨的成长，但也明白了需要主动做有利于亲子关系改善的行为，为小杨建立自信和改善安全感做出积极的努力。

（3）咨询师的评估：来访者内省力较好，咨询过程比较顺利，效果也比较明显。咨询结束时，SCL-90测评结果显示：焦虑因子1.8分、抑郁因子1.7分。测评结果正常。每晚睡眠能持续6小时以上，和他人关系明显改善。咨询1个月后就恢复工作，再没有因身体原因耽误过训练，社会功能得到恢复。

参考文献

［1］LEDLEY D R, MARX B P, HEIMBERG R G. 认知行为疗法［M］. 李毅飞，孙凌，赵丽娜，等译. 北京：中国轻工业出版社，2012.

［2］CABANISS D L, CHERRY S, DOUFLAS C J, et al. 心理动力学个案概念化［M］. 孙铃，等译. 北京：中国轻工业出版社，2015.

［3］江光荣. 心理咨询的理论与实务［M］. 2版. 北京：高等教育出版社，2005.

［4］COREY C. 心理咨询与治疗的理论及实践［M］. 8版. 谭晨，译. 北京：中国轻工业出版社，2016.

不合群的新兵

个案介绍

小吴，男，19岁，身高1.74米，是一名刚到部队两个月的新兵，佩戴着"纪律标兵"的胸牌，总是低着头。语言流畅，语速缓慢，思维清晰。班长反映他内向，不善言谈，经常愁眉苦脸，做事过分严谨，小心翼翼，总觉得他和别人不太一样，大家都说他不合群。小吴自己感觉，总是担心一些不好的事情会发生，因此高兴不起来，整天闷闷不乐。在班长的推荐下，小吴前来咨询。

主诉

小吴主诉自己很担心和社会上的坏人在一起就会变坏，所以选择参军。到了部队之后，还是担心自己以后会变坏，因为迟早会离开部队。他总是认为社会上坏人很多，万一自己变坏了怎么办？经常想这个问题，渐渐变得很焦虑、郁郁寡欢，整天高兴不起来。不和战友交流沟通，没有朋友，觉得自己不会说话，不知道该说什么，担心说错话后大家笑话他。

成长经历

小吴从小是由爷爷奶奶在农村抚养长大的。爷爷去年去世，奶奶身体多病。小吴的父母在城市做服装生意，很忙。小吴小时候，父母很少回家看他，逢年过节也是匆匆而来，又匆匆地返回。尤其在小吴三年级的时候，有了一个小弟弟，父母带着弟弟在城里生活，回老家看小吴的次数就更少了。来部队后，他很想和父母说说部队的情况，但是每次打电话，聊两三分钟，父母就会说忙，把电话挂

11

断。父母也从不主动给他打电话。小时候在学校，大家都笑话他没有父母，说他父母在外面有了小儿子，有了新的家，不要他了，同学伙伴总是欺负他。他因此很自卑，害怕和同学交往，整天独来独往，也没有朋友。他对自己要求很严，遵守纪律，认真学习，生怕犯错误，担心大家欺负他。高三那年，爷爷去世后，他出现严重的头痛，休学在家。后在电视上看到部队招收新兵的宣传，感觉部队很严格正规，充满正气，于是他就报名参军，来到了部队。到部队后，他表现积极，做事认真，多次获得班长表扬，还获得了"遵守纪律标兵""队列动作标兵""内务卫生标兵"等荣誉。

经历的重要事件

（1）小吴说在小学五年级时，有一次自己生病发烧，奶奶给他吃了一些感冒药，当时烧得迷迷糊糊，就睡着了。梦里他看见妈妈回来了，就坐在他的床边，他伸手去拉妈妈的手，却摸到床边的一本书，突然就醒了。原来是在做梦，妈妈根本没有回来。他偷偷地哭了一夜。

（2）小学六年级时，奶奶去学校开家长会，由于奶奶听不懂老师布置的作业，问老师时被全体家长嘲笑。第二天同学们都取笑他，后来在班上还经常拿这个事开玩笑。

（3）去年爷爷去世以后，小吴变得郁郁寡欢，担心奶奶哪天也会去世，就没人管他了。因此出现严重的头痛，发作时必须躺着，头不能离开枕头，后来就休学在家，不去学校了。在家整天守着奶奶，晚上都要和奶奶睡在一张床上。说奶奶要是走了，自己以后没人管了会学坏，边说边哭。到部队后，只要有机会，就给奶奶打电话，每次打电话都叮嘱奶奶按时吃药，不要省钱，买点好吃的，每个月会把省下来的津贴寄给奶奶。

问题评估

该案例的求助者小吴由于长期缺失父母的爱而没有安全感，缺乏自信，人际关系问题明显，伴有强迫思维，总是思考和担心自己会变坏。SCL-90测评结果显示：焦虑因子 2.8 分、抑郁因子 2.3 分、人际关系敏感因子 3 分、强迫因子 2.6 分。医院诊断为强迫症。小吴从小缺失父母的爱与关心，变得自卑、敏感，不敢和同学交往，担心被同学笑话，因此人际关系能力发展受阻。爷爷去世后，奶奶成为他唯一亲近的亲人，却身体多病，小吴因此变得担心、焦虑，害怕唯一陪伴他的亲人哪天会离他而去，因此出现躯体化症状——头痛。头痛的症状让他可以继发性获益，即不用去上学，可以整天在家陪着奶奶，因此他高三休学在家。同时，小吴伴有强迫思维，总是思考并担心自己变坏，当在电视上看到部队的宣传信息时，他感到自己找到了适合去的充满正气的地方，于是报名参军。到部队后，小吴表现积极上进，多次得到表扬。但是他从小不敢与人交往的行为模式已经固化，来到部队，他依然独来独往，没有朋友。同时，强迫思维也依然困扰着他。

咨询方法及设置

　　咨询师综合分析后，觉得这个案例适合运用心理动力学咨询方法。因为小吴心智化水平较高，领悟性较好，成长过程中有创伤性的体验，内心冲突主要表现为依赖和独立：一方面依赖奶奶的爱和关照；另一方面又想独立，去找一个充满正气的地方生活。而且咨询师是心理动力学取向。经和小吴商定后，咨询设置为每周 1 次，每次 50 分钟。咨询方式是第 1 次面询，以后改为远程视频咨询。

咨询目标

　　短期咨询目标是解决强迫思维和焦虑情绪，长期目标是理解成长过程中的创伤及其与性格特点的关系，改善人际交往能力，促进自我成长。

咨询过程

1. 咨询初期（4 次咨询）

　　此阶段主要是收集资料、建立咨访关系、建立治疗同盟，以接纳、共情、真诚、热情、积极关注的态度为来访者服务。该来访者有一定程度的内省力，咨访双方在初期建立了较好的互相信任的咨访关系。为了帮助来访者构建一个支持性的环境，征得来访者同意并再次向来访者申明保密原则后，咨询师和来访者的妈妈及班长沟通过3次。

2. 咨询中期（32次咨询）

此阶段主要是解释，使潜意识意识化，并处理移情、反移情、阻抗等问题。在咨询中，小吴逐渐理解了不愿与人交往的回避行为以及做事胆小谨慎的潜意识意义，这是源于小时候总是被同学笑话，甚至被欺负，由于担心这种事再次发生而形成的保护性防御。时间长了，逐渐就变得内向，不愿也不会与人交往了。小吴总是担心一些不好的事情发生，也和小时候这些创伤经历有关。高三时，一直陪伴他的爷爷的去世，加重了这种担心。爷爷去世后，奶奶成了唯一可以陪伴他的亲人。奶奶身体又多病，于是他担心奶奶哪天也会去世，剩下他一个人。所以，发展出躯体化症状——头痛，这样就可以不用去上学，可以整天在家守着奶奶、照顾奶奶，尽量使这个身边唯一的亲人不离开自己。小吴总是尝试和父母加强联结，也是这种担心和不安全感的表现。咨询中，小吴产生了明显的移情。

在第5—7次咨询中，他说长这么大，只有咨询师对他最好，能理解他，在咨询间隙会忍不住给咨询师发信息，整天都盼望着咨询那一天的到来。第6次咨询后，咨询师去艰苦地区出差，网络不方便，建议取消一次咨询，小吴明显表现出失落和不高兴。后来通过解释移情，使小吴进一步了解了自己。

在第12—15次咨询中，咨询师也产生了明显的反移情，同情小吴的遭遇，曾在小吴面前抱怨小吴妈妈的做法，甚至在和小吴妈妈的一次沟通中，谴责了妈妈的做法。后来经过澄清，发现妈妈对小吴是有忽视，但也没有像小吴描述的那么严重。通过督导，咨询师认识到自己出现的反移情，在之后的工作中进行了调整，重新回到了中立的立场。

在第17—18次咨询中，小吴产生了明显的阻抗，他每次借故迟到十几分钟，第18次咨询后还请假1次。咨询师在第19次咨询中，专门为此进行了讨论。和小吴一起分析了阻抗的原因，咨询师总是抱怨小吴妈妈，让小吴感到不舒服，就像小时候同学们抱怨他妈妈一样，所以小吴不愿听到这些。在第26次咨询时，小吴又出现阻抗。经过分析发现，咨询师对躯体化症状的解释让小吴感到不舒服，小吴说"我不是装病，就是头痛得无法起床"，并且在第27次提出结束咨询，说最近训练紧张。咨询师为此又和小吴专门进行了 1 次咨询工作，才解决了这个阻抗问题。之后的咨询进展比较顺利。

3. 咨询后期（3 次咨询）

巩固前期治疗效果，使来访者进一步理解潜意识的功能。引导来访者巩固在咨询中所学到的知识，学会理解和分析自己的情绪和状态，并指导来访者在今后生活中遇到问题时如何理解和应对。通过 SCL-90 量表测评、和班长以及来访者访谈，全面评估咨询效果。同时处理分离焦虑。

效果评估

（1）来访者自我评估：经过 10 个多月的咨询，了解了自己，明白了家庭对自己的影响，以前总是糊里糊涂，不知道自己为什么会这么胆小谨慎，为什么不会与人交往，现在都清楚了。今后也知道怎么做了，感觉收获很大。

（2）班长的评估：小吴现在变得从容了许多，不那么焦虑了，脸上有时还会出现笑容，有时也会主动和战友说说话。

（3）咨询师的评估：咨询过程比较顺利，效果比较明显，来访者的焦虑情绪明显好转，强迫思维已基本消失。咨询结束时，SCL-90 测评结果显示：焦虑因子 1.84 分、抑郁因子 1.8 分、人际关系敏感因子 2.14 分、强迫因子 1.9 分。人际交往能力需要进一步锻炼和提高，其他测评结果正常。

参考文献

［1］施旺红. 战胜"心魔"：强迫症的森田疗法［M］. 西安：第四军医大学出版社，2015.

［2］杨凤池，张曼华，刘传新. 咨询心理学［M］. 2 版. 北京：人民卫生出版社，2013.

［3］江光荣. 心理咨询的理论与实务［M］. 2 版. 北京：高等教育出版社，2005.

［4］高良武久. 森田心理疗法：顺应自然的人生学［M］. 康成俊，商斌，译. 北京：人民卫生出版社，1989.

［5］URSANO R J, SONNENBERG S M, LAZAR S G. 心理动力学心理治疗简明指南：短程、间断和长程心理动力学心理治疗的原则和技术［M］. 3 版. 林涛，王丽颖，译. 北京：人民卫生出版社，2010.

独来独往的小 C

个案介绍

来访者小 C，女，21 岁，大三学生。感觉自己的人际交往能力太差，担心影响以后工作时与人沟通和合作的能力以及影响恋爱婚姻问题的解决，主动前来咨询。进入大学以来，她很少与同学交往，每天上课、去食堂的时候，不像寝室其他同学那样结伴而行，而更愿意独来独往，不觉得有什么难受，有时反而感觉很轻松。以前和同学一起走长路，不想说话又担心尴尬，说话又不知道怎么说，所以，发展到现在根本就没有朋友了。虽然她已经很习惯自己一个人完成很多事情，也没觉得有什么不好，但是看到同学都有自己的小圈子，而自己总是一个人，不免有些担心，害怕长此以往情况会更糟，会影响自己的恋爱婚姻，希望自己能在适当的年龄恋爱结婚，不想成为别人眼中的"怪人"。所以想通过心理咨询，让自己在人际交往方面有所改变。

成长经历

来访者小 C 还有一个哥哥，也在上大学，父母都在外地打工，一家四口各居一处。现在的妈妈是继母，生母在其很小的时候就病逝了。小 C 感觉妈妈（继母）也很少对自己表达情感，只是为自己洗衣服、做饭，很细致地照顾一家人的生活。自己也从来不会对父母撒娇，有时候甚至会感觉自己"是不是不爱自己的父母"。说到和妈妈（继母）的关系时，小 C 说其实自己有时候是不愿意和妈妈（继母）多说话的，因为说不了几句，妈妈（继母）就开始抱怨奶奶，嫌奶奶对家里照顾得少。说到爸爸时，小 C 特意提到爸爸在爷爷家排行老二，说了一句家乡的俗语："偏大的爱碎（小）的，中间夹个受罪的。"

问题评估

该个案存在人际交往困难问题。依据"依恋理论"，该个案的依恋模式为"回避型依恋模式"，在成年后形成"回避型人格"。这一类人群对他人极度依赖，同时却又以自我为中心，因而行为表现往往是：不喜欢亲密的关系，并且特别善于找到合理的借口从关系中逃离。

咨询方法及设置

沙盘游戏。对个案进行评估后，针对其不愿意和咨询师进行言语沟通等方面的原因，经与其协商后，确定通过"沙盘游戏"的方法进行咨询。每周1次，每次50分钟。

咨询目标

改善人际交往困难，提升自我价值感。

咨询过程

1. 初始沙盘

来访者小C和咨询师进行第3次咨询时偶然发现了沙盘，这才有了接下来的两次沙盘游戏疗愈工作。平时走进咨询室就径直坐在屋角沙发上的小C，在第3次咨询时，走进了位于咨询室套间的沙盘游戏室，看着靠墙而立摆满了沙具的沙架，眼睛顿时睁大了许多，情绪也有些兴奋。在咨询师对沙盘游戏疗愈的工作原理做了简单说明之后，小C很快便开始从沙架上选择沙具并进行摆放，完成了自己的首次沙盘作品。

来访者位置

咨询师位置

来访者位置左下角沙画

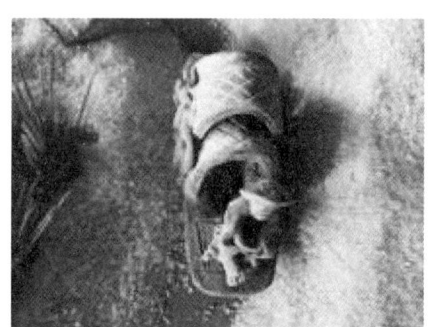

沙画近中心位置

来访者对面位置

（1）对沙画的描述。来访者小 C：我喜欢绿色，不知道是什么原因，就是喜欢。小 C 指着骷髅头说，这个看起来挺好玩的，没觉得有啥害怕的。

（2）咨询师的感受。咨询中来访者小 C 情绪较前两次活泼，换了便装。在摆放沙具时，情绪由轻松到凝重，甚至一度表现出一些伤感。看到沙盘左下角的"骷髅"沙具时，有些愣神。话比较少，主题不是很集中，似乎兴趣都在挑选、摆放和调整沙具上。反反复复，举棋不定。离开沙盘室前，小 C 一边拆除沙盘，一边和下一个来咨询的来访者闲聊，这样的场景再一次让咨询师感到和她对自己的描述对不上号。

2. 第 2 次沙盘咨询

这是来访者小 C 和咨询师的第 4 次咨询工作，也是整个咨询工作的倒数第 2 次（事前就关于什么时间结束咨询有过讨论，但没有定下最后的结束时间。该个案的结束没有任何征兆）。小 C 是在下午下课后急忙赶来的，表示很想继续前期的工作，主动选择通过沙盘游戏完成本次的咨询工作。

第 2 次沙盘　来访者位置

第 2 次沙盘　咨询师位置

局部细节

蝴蝶聚集区域

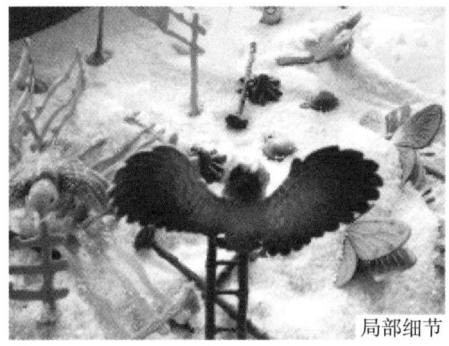
局部细节

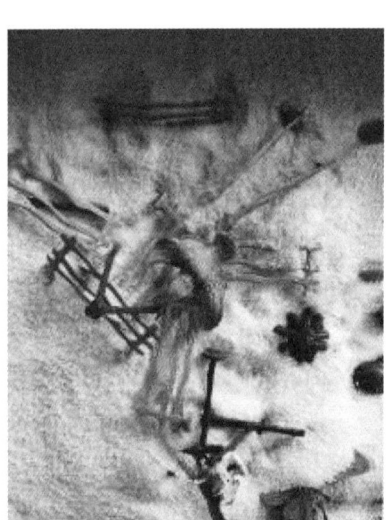
混乱区域

猫头鹰的全貌细节

（1）对沙画的描述。在完成沙画作品时，小C提到摆放猫头鹰这个沙具时很是费力，让自己产生了非要把它摆放到满意程度的决心。这让她想到了自己平时在应对事物时所惯常采用的两种方式：要么放在一边不管了，放弃努力；要么就是非要做成不可。今天在摆放猫头鹰这个沙具时就属于后一种情况。在摆放蝴蝶沙具时，从有规律的摆放变成随意摆放，并最后扬沙掩盖。关于埋在沙中，一扇门打开、盛满沙子的大衣柜，小C自己的解释是宝藏。

（2）咨询师的感受。在摆放沙具前，来访者小C曾询问有没有建筑类沙具，想要像搭积木一样摆个什么东西。咨询师观察到小C在完成沙画时像上次一样，情绪由轻松到凝重，甚至一度表现出一些不耐烦和伤感。在这次工作中，咨询师也一改之前对小C的印象，感觉这个平时看起来乖乖的孩子，内心有许多顽皮的成分，用自己不动声色的消极抵抗行为表达着强烈的愤怒，不知道这种愤怒是不是来自不被重视、不被满足，可能还有其他成分，需要进一步咨询并与小C深入讨论才能了解。

3. 第3次沙盘咨询

本次咨询工作虽然是在沙盘游戏室完成的，但是来访者小C并没有选择和摆放沙具，我们面前始终是一个空空的沙盘，所以，也可以认为这第3次沙盘咨询，小C就是以空白的形式呈现的。

（1）对沙画的描述。

来访者小C：我其实是不想摆沙盘了，我觉得没啥意思，不知道摆啥。

咨询师：可是你却坐在了靠里面的沙盘室啊，是吗？

来访者小C：（尴尬地笑笑）嘿嘿，我也不知道为啥。

（2）咨询师的感受。小C语言表达较前期流畅，自主表达部分增多，但是不像之前那样主题突出，每件事情都是像她自己一直希望的那样有意义。咨询师在这次工作时感觉时间过得很快，小C说的话很多，咨询师很难插嘴。另一个直观且强烈的感受就是，咨询工作效果在此次咨询中开始显现。

效果评估

经过了5次咨询，尽管在第5次咨询工作时来访者小C只是坐在沙盘旁，没有选择摆放任何沙具，但其有下意识的抚沙动作，咨询师认为在某种意义上这也是沙盘游戏治疗的一种工作方式，因此，通过3次沙盘治疗的工作，小C已经逐渐改变了自己之前与人互动的模式，表现在：咨询师在第2次咨询结束时邀请她互加QQ，以便于双方时间有变时相互告知，小C虽然同意添加，但表示自己一般很少上QQ，也从来不在QQ上和任何人聊天。可是，据咨询师的观察，近期，小C的网络在线时间越来越长了，这是在咨询之初从来没有过的现象。电话随访，得到小 C 的肯定确认，她现在已经可以在网上和一些同学、朋友很好地交流了。因此，访谈、沙盘游戏，使咨询工作取得了进展，促进来访者小 C 在人际互动模式上产生改变，与之前商定的咨询目标一致。

　　针对来访者小 C 的咨询个案，到目前为止，不算是真正意义上的结束，可以认为是第一阶段工作的暂停。第 5 次咨询后小 C 因期末考试较忙提出暂停咨询，并明确表示有时间时将会继续咨询。咨询师想等待小 C 对前一阶段咨询工作的内容进一步有所领悟之后，再开始进行下一阶段的咨询工作。

参考文献

［1］高岚，申荷永. 沙盘游戏疗法［M］. 北京：中国人民大学出版社，2012.

［2］博伊科，古德温. 沙游治疗完全指导手册：理论、实务与案例［M］. 田宝伟，等译. 北京：中国水利水电出版社，2006.

［3］山中康裕. 表达性心理治疗：徘徊于心灵和精神之间［M］. 穆旭明，译. 北京：中国人民大学出版社，2018.

［4］荣格 C G. 荣格文集：意向分析［M］. 李琼，王颖，朱绘霖，译. 长春：长春出版社，2014.

"为何命运对我如此残忍"

个案介绍

小傅，男，30岁，是一名机关干部，主要负责机关文案书写与呈报工作。他工作积极、做事认真，对自己要求严格，每天几乎第一个到办公室，最后一个离开。当天没完成的工作也一定要求自己必须当天完成，因此晚上加班写材料是常态。本来是很积极向上的青年，但随着年复一年的机关工作，小傅慢慢发现自己心理越来越不平衡了，尤其是看到隔壁宿舍的同事每天按时按点上班，清晨他出门时，看到人家灯还没亮，似乎还没起床，晚饭后听到隔壁传来电视或音乐声，而他却还要赶去科室加班，夜间等他忙完回来时人家早已进入梦乡。小傅对加班写文稿这类工作越来越抵触，书写的材料质量也总是不过关，多次遭受领导批评。而且在呈报文件时，领导不是在忙，就是不在，有时呈报一份文件要跑好几天才能完成，这让小傅觉得很烦躁。不仅工作的事情不顺心，婆媳矛盾也让小傅烦恼不已。一想到工作和家里的情况，小傅就感到头痛、郁闷、心烦、焦虑，近一个月出现睡眠障碍，难以入睡。每晚他躺在床上总会想，什么时候能换个工作岗位啊？什么时候能够让她们婆媳俩和睦相处？因为夜晚常常失眠，小傅白天上班工作精力明显不够，写出的材料自己都觉得质量不高。他总在想转行是不是生活就能如意了，但又想到自己毕业之后，在基层干了这么多年还没有什么成就，就这么走了又有些不甘心。小傅不禁抱怨道："为何命运对我如此残忍，没有一件让我顺心的事？！"听朋友说心理咨询可以让他缓解焦虑情绪，故特来咨询。

主诉

小傅自己诉说："我刚来单位时一心想努力工作，做出些成绩，可是转眼过去 3 年了，每天几乎都是重复一样的工作，不是写材料，就是呈报材料。别人都可以按时上下班，自己总在加班，觉得心理不平衡。"有时写的材料不符合领导的意图，还得受批评；有时呈报总找不见领导，也得受批评；加之最近由于婆媳矛盾导致夫妻之间出现一些摩擦，有点愈演愈烈的感觉。小傅的情绪开始发生变化，总是在叹息："唉，为何命运对我如此残忍，没有一件让我顺心的事？！"心情也越来越焦躁，晚上也翻来覆去难以入睡，白天精神欠佳，工作效率明显降低。

成长经历

小傅出生在南方一个省会城市，爸爸是一名机关处级干部，妈妈是一名家庭妇女。兄弟姐妹 3 人，他是老小。从小学起，小傅一直是班级里的尖子生，作文尤其写得好，老师总是把他的作文当成范文念给全班同学听，让大家向他学习。爸爸、妈妈也为他感到骄傲。大学毕业后他入伍，因为文笔好，被调到机关工作 3 年。

经历的重要事件

（1）小傅小时候，爸爸在机关工作，经常书写各种材料，有时也会加班到很晚才回家，他从小开始写作文时，就是由父亲进行一对一的指导，慢慢地文章写得越来越好，老师、同学也大加赞赏。有时看到一篇好的文章，父子俩就一起沟通交流，共同提高。

（2）妈妈描述，小傅小学三年级的时候，有一次作文没有被老师表扬，而另一个同学的作文被当成范文，小傅回到家还哭了一场，妈妈和姐姐、哥哥劝了半天，他才慢慢放下了。

（3）同事描述，刚到机关时小傅工作热情高，天天加班写材料，不懂就问，也很虚心，但是渐渐工作效率降低了，尤其是近 3 个月，干什么都提不起精神的样子，写的材料也好几次不合格，被领导批评。近来工作中丢三落四，总感觉他心中有事似的。

问题评估

该案例属于不合理的认知问题和现实问题交织在一起，伴有焦虑状态和睡眠障碍及躯体化表现，社会功能有一定程度的受损。SCL-90 测评结果显示：焦虑因子 2.71 分、抑郁因子 2.77 分、强迫因子 2.8 分、人际关系敏感因子 2.3 分。小傅因为文笔好，被调到机关工作，日复一日、年复一年地书写材料，有些材料基本写完就放在那儿，再无人过问了，让小傅觉得自己的工作没有价值。妻子是老家的同学介绍认识的，两人有一定的感情基础。自从生完孩子后，妻子一直在家抚养孩子，没有出去工作，小傅的母亲也帮忙一起带孩子，开始一切都还顺利，时间长了妻子和母亲产生了一些矛盾。一开始小傅还能从中调解，但 3 个月前，婆媳矛盾彻底爆发，小傅调解不了了，这让他心烦意乱。最近 3 个月小傅感到事事都不顺心，出现焦虑、烦躁、睡眠障碍、头痛等生理症状，导致不想上班、社会功能受损。

咨询方法及设置

咨询师综合分析后，结合小傅的实际情况，觉得这个案例适合"焦点解决短期心理咨询"方法，因为小傅写作能力、沟通能力、领悟性均较好，理解能力较强，而且咨询师擅长焦点解决短期心理咨询的方法，擅长探索来访者的内在资源和引导来访者学习以建设性的新眼光重新诠释生活中的困境、失落或创伤，擅长通过协助来访者提取过去成功经验中的要素，来增强来访者解决问题的信心，并建立具体可行的行动。经和小傅商定后，咨询设置为每周 1 次，每次 50 分钟。咨询方式是第 1 次面询，以后 1 次面询、1 次视频咨询（小傅因为执行任务，不便面询，所以选择视频咨询）隔周交替进行。

咨询目标

短期咨询目标是解决焦虑情绪和生理症状，让小傅能正常上班，恢复社会功能。长期目标是理解症状背后的原因，从积极正向的方面寻找"例外"，逐渐改变小傅对工作、家庭的完美要求，接纳目前的工作和婆媳相处的状态，促进自我成长。

咨询过程

1. 咨询初期（4次咨询）

此阶段主要是收集资料、建立咨访关系、建立治疗同盟，在咨询中运用接纳、共情、积极关注的技术，以积极的视角关注来访者身上的正向资源。该来访者有一定程度的内省力，在初期建立了较好的互相信任的咨访关系。

2. 咨询中期（6次咨询）

此阶段主要是将视线聚焦于来访者身上正向的、积极的部分，利用来访者身上既存的优点、优势或解决问题的能力，进行自身资源疗法，从问题症状中找出具有正向的功能。如近几个月出现的婆媳争吵，虽然是个问题症状，但是隐藏在背后的却是一个正向的期待：妈妈希望自己的儿子能够常回家看看，妻子希望丈夫能够把工作的焦点转移一些到她和孩子身上，不想过两地分居的生活。在第6次咨询时，来访者曾诉说刚到机关工作加班书写材料时，每次都非常认真地进行调研，书写时反复修改，经常得到领导的肯定与表扬，后来写得多了，觉得天下文章一大套，差不了多少，便总是走套路，没有新颖性、创造性，尤其是近3个月精气神都不足，自然受批评的次数就增加了。咨询师的任务就是与来访者一起找到问题的例外，此时正好利用"例外"帮助来访者找到已经存在于他身上的、解决问题的资源——那就是以前"领导的肯定与表扬"，引导来访者自己探讨那时的材料书写与现在的情况有何不同。并告诉来访者下次来咨询时，请注意观察这一周，注意与妈妈、妻子多进行视频、电话沟通，书写材料时理论与实践相结合，全面调研认真书写。第8次咨询时，来访者表示妈妈与妻子再没有争吵过，这周写了两份材料也都一次过关，得到了领导的肯定。咨询师再次引导来访者，从这些小的改变开始，只要维持小的改变，就会逐渐积累成大的改变。成功的经验能够使来访者产生信心、力量去处理更困难的问题，进而推动整个情况的改变。慢慢地，工作、学习、生活都会越来越好，越来越顺利。经过这个阶段的工作后，来访者的情绪开始平稳，睡眠困难问题也得到了一定程度的缓解。

3. 咨询后期（2次咨询）

巩固前期治疗效果，引导来访者将注意力放在未来、放在解决问题、放在"希望情况有何改变"上时，来访者就不会再陷于抱怨，而是更能去澄清自己的期待，去思考自己想要的改变方向，及寻找自己可以开始改变的地方。教会来访者在今后生活中遇到问题时如何理解和分析，同时处理各种问题。

效果评估

（1）来访者自我评估：感觉经过3个多月的咨询，能够自我调控好情绪，与妈妈、妻子、孩子的关系得到有效改善，视频沟通增加，家庭和睦，工作状态佳，处理问题不再盲目，学会寻找例外，学会自省，找寻优点，找到了今后改变和成长的方向，收获很大。以后需要时，还想继续寻求咨询。

（2）来访者同事的评估：小傅工作热情空前高涨，不再说消极的话语，每天都很阳光，遇到问题也不再冲动，还帮助其他同事做思想工作。

（3）咨询师的评估：来访者内省力较好，咨询过程比较顺利，效果也比较明显。咨询结束时，SCL-90测评结果显示：焦虑因子1.8分、抑郁因子1.67分、强迫因子1.9分、人际关系敏感因子1.57分。测评结果正常。每晚约10分钟入睡，睡眠时长持续6小时以上，头痛症状也消失了。咨询3个月后就再没有因身体原因耽误过上班，社会功能得到恢复。

参考文献

［1］许维素. 焦点解决短期心理治疗的应用［M］. 北京：世界图书出版公司，2009.

[2] O'CONNELL B, Bill. Solution Focused Therapy [M]. 3rd ed. London: SAGE Publications Ltd, 2005.

沉默的小丁

个案介绍

小丁，男，19岁，是一名列兵，面容清瘦，个子高，性格腼腆。1个多月来不知是什么原因一直都很少说话，干活也慢。每天早晨打扫卫生时，他总是最后一个完成。班长、骨干多次询问，也不说话，尤其是最近每天干完活，他就单独到图书室看书，越来越不愿意与任何人交流。见此情景，各级领导很着急，都与其谈过话，但效果不佳。据单位反映，小丁的沉默让大家担忧，在领导的建议下，小丁前来咨询。

主诉

小丁自己说这一段时间心情不好，就想把每天的工作干完，然后自己一个人待着，也不想说话，时间长了也很习惯这样一个人待着，有时候看着同屋的战友们聊到半夜，也想过插句话，可终究没能开口。早晨起来打扫营院，收拾内务，大家都有说有笑，自己就是不知道该说些什么，也担心说错话被大家笑话，自己也感到很无奈。有时战友叫自己一起出去跑步，感到他们聊天时好像在有意暗示什么，不是发自内心的那种聊天，觉得不自在也不舒服。近1个月来睡眠一直不好，一想到每天大家为了"聊天"找自己聊天，就感到头痛、焦虑、烦躁不安，还常常感到郁闷，躺在床上总是翻来覆去无法入眠，感觉进入梦乡了又好像还醒着，导致白天精神状态不好。工作上也是应付着干完就想赶紧睡一会儿，可晚上躺在床上又睡不着。单位领导建议做心理咨询，于是就来了。

成长经历

　　小丁出生在广西一个偏远的小村庄，爸爸妈妈都是当地的农民。爸爸因为从小患小儿麻痹症，双腿无法行动，没有条件娶到一个健康的女人做妻子。通过别人介绍，与邻村患有先天性癫痫的妈妈完婚。小丁出生后，由爷爷奶奶照顾，爷爷奶奶非常疼爱小丁，尽管家里经济非常困难，但爷爷奶奶自己舍不得吃舍不得穿，也要倾其所有给小丁买到周围小朋友都有的物品。因妈妈有病，奶奶在家时就不让小丁的妈妈管小丁，怕影响小丁的成长。所以，小丁基本上一直与爷爷奶奶睡一张床。妈妈的意识有时糊涂有时清醒，虽然妈妈疯疯癫癫，但对小丁很疼爱。爸爸坐着爷爷自制的轮椅，有时候还能凑合着为一家人做顿饭。

　　因为要生活，爷爷奶奶也会在村边捡点废品，打个零工，精心抚养着小丁。小丁小时候，爷爷奶奶走到哪儿都喜欢把他带在身边。看着小丁快乐地成长，爷爷奶奶心里总是喜悦的。虽然年纪大了，还是坚持早出晚归，想给小丁好一点的生活保障。小丁 8 岁时爷爷奶奶相继离世，这让他难过了很久。面对生活的现实，小丁开始学会自己照顾自己，同时也照顾爸爸妈妈。小丁自己学着烧火做饭、劈柴担水，也帮爸爸妈妈洗衣服，是个十足的乖孩子。村里人都说这孩子很争气，无论回家干多少活，从来不影响在学校的学习成绩。自从爷爷奶奶离世后，小丁上学的费用由堂叔提供。堂叔在镇上做点小生意，日子还算过得宽裕，就这样一直帮扶小丁一家。直到小丁到了高二时，堂叔因车祸离世，小丁的学费没有人负担了，生活一下子捉襟见肘。此时，刚好赶上征兵的宣传，小丁自愿选择去当兵。按照小丁的想法，这样做可以给爸爸妈妈减轻生活压力，同时也能锻炼自己，何况当兵也是光宗耀祖的事儿。

经历的重要事件

　　（1）童年的生活环境让小丁的自理能力变得极强，他学会了很多同龄孩子不会做的事情，比如洗衣服、生火做饭，甚至田地里的农活等。入伍后，无论班长讲什么事情，小丁听一遍就可以做得很好，尤其整理被子时，小丁总是最先整理好。小时候，爷爷奶奶干活带着小丁，无论是捡塑料瓶子还是跟奶奶一起当保洁员，小丁都会干得有模有样。

（2）小时候在学校，小丁特别怕家长到学校来开会或者因其他事情来校。一看到同学的爸爸妈妈来学校送东西，小丁心里总是很羡慕，总是会偷偷地多看一会儿。有时候同学在学校打架或者违反校规，家长也会被请到学校，所以小丁就处处小心谨慎，确保不犯任何错误，这样他的爸爸妈妈也就不会被叫到学校来。

（3）小学三年级时，放学的路上，一个同学抢走了小丁的书包，小丁就紧跟着在后面追，因为跑得很快，他一把抓住那个同学的胳膊，抢回了自己的书包。那个同学不服气，转身就开始对小丁大骂起来，骂他怎么没像他爸爸那样一辈子坐着呢。小丁当时气哭了，就使劲在那个同学身上捶打起来，那个同学个儿小，打不过小丁，小丁说他揪着那个同学的衣领问："以后还骂人不？"由于小丁的勇敢反抗，后来再也没有同学敢欺负他。但小丁说从心里来讲，他从来不愿意对别人说起自己的爸爸妈妈。

（4）初三毕业的那个暑假，小丁在家里干活，被一场大雨淋得浑身湿透，瓢泼大雨之中，他深一脚浅一脚走回家，当天夜里就发起了高烧。他说那一次是他长这么大第一次病得那么重。后来他爸爸告诉他，在迷迷糊糊的状态下，小丁浑身烫得像被火球包裹着，是邻居拉着架子车把他送到医院的。在昏睡中，他似乎看到爷爷奶奶在跟他说话，爷爷给他喂饭，奶奶给他擦洗身子，但等他醒来后，爷爷奶奶就再也没在梦中出现过。说起这些，小丁心里有点难过。

（5）指导员描述，小丁刚入伍时跟大家还比较和谐，后来有一次晚上熄灯后，大家热烈地讨论游戏，小丁说了一句外行话，结果令大家笑出声来，还让查铺的领导听见了，全班挨了训，所有人都说是因为小丁惹的祸。从那儿以后，小丁就不再跟大家说话聊天了，时常都是自己一个人待着。领导曾试图让班里的骨干接近他，但他把自己封闭起来，不再跟任何人讲话，从此变得沉默寡言。

问题评估

该案例属于生活事件致自尊心受损引发的心理问题，并伴有焦虑状态、躯体化表现，社会功能轻度损伤。SCL-90 测评结果显示：焦虑因子 3 分、抑郁因子

2.47分、人际关系敏感因子3分。医院诊断为焦虑伴抑郁状态。

作为新人，小丁非常懂事、理解别人，同时也非常敏感。由于父母都患有疾病，小丁对此非常在意，特别怕向别人提起自己的父母。虽然他非常爱自己的爸爸妈妈，但是他们不能像其他孩子的父母那样给予他更多的爱与关怀，甚至还需要小丁的照顾和呵护。作为一个孩子，他觉得很难为情。初中时同学的嘲笑更是给小丁留下心理阴影，更加在意和自卑。因此只要提到父母，就像撕开了小丁内心深处最隐秘的那层保护膜。当他被伤害时，他只能采用回避的方式维护自己的自尊。他始终认为，无论自己如何努力，与战友相比，自己的家庭总是有缺陷的，因此，他选择了沉默。当兵入伍，他也想改变自己，跟身边的战友敞开心扉聊天，希望能走出自卑，但事与愿违，尤其那次跟大家聊游戏被大家误解后，他甚至认为是领导安插的底细打了"小报告"。由于心里有了隔阂，对谁都存有戒备，所以不敢说话，生怕说错又被人嘲笑、批评。当提及"说错了就错了呗，闲聊谁还打个草稿"，小丁则认为，被人嘲笑是件十分丢人的事情。

咨询方法及设置

咨询师综合分析后，觉得这个案例适合认知行为疗法，因为小丁理解能力较强、悟性好，能够理解咨询师的思考过程，也因为认知行为疗法关注人对所遭受的事情的信念、评价、解释或哲学观点，而非事件本身。正如认知疗法的主要代表人物贝克所说："适应不良的行为与情绪，都源于适应不良的认知。"小丁自小受家庭的影响，总怕被人看不起，有着严重的自卑心理，即使别人没有那么多想法，在小丁的认知里，都感觉别人的目光是异样的。小丁认为每个人与他说话都是领导的"安排"，当问他是否认为每个与他说话的人都是有目的性的时候，小丁表示"就是的"。这是小丁脑子里的主观臆想，根据某件事情完成过程中大家的表现，来推测所有的战友都是一样地看待他。这是一个歪曲的核心信念，当给他讲解了认知行为疗法中常见的歪曲认知后，他开始反思自己的认知和观念，并表示想要改变自己的认知和行为。经过和小丁商定后，咨询设置为每周1次，每次50分钟。咨询方式为面询。

咨询目标

短期咨询目标是解决焦虑情绪和躯体症状，使小丁能够正常工作，与人交流，恢复其社会功能。长期目标是理解症状背后的原因和自卑心理问题，帮小丁逐渐建立自信心，接纳自己，促进自我成长。

咨询过程

1. 咨询初期（4次咨询）

此阶段主要是收集资料、建立咨访关系、共建治疗同盟，以积极关注、接纳、共情的态度为来访者服务。小丁有一定程度的领悟能力和觉察力，在初期建立了比较好的互相信任的咨访关系。同时与小丁的指导员交流了 2 次，让指导员理解小丁的内心感受，为小丁创立支持性的外部环境。

2. 咨询中期（6次咨询）

此阶段主要是处理移情、阻抗，使用认知行为疗法的临床技术检验假设，主要是改变认识并矫正歪曲认识、错误信念。第8次咨询时，小丁说他感觉自己没啥问题了，如果需要时再来咨询，并以给菜地浇水的工作重要为由想取消下一次的咨询。咨询师明显看出小丁的阻抗，究其原因是小丁对自己缺乏自信，感觉咨询效果不能快速地显现。在这次咨询结束时，咨询师告诉小丁，希望他能够坚持咨询，下次会与他一起讨论阻抗。之后，通过改变认知，纠正了小丁的错误假设。比如，"小丁认为自己很无能、被人看不起"。实际上，通过验证发现大家还是很友好、很真诚地对待他。通过运用改变认知来帮助小丁认识事实，能让他发现自己对事物的认识存在歪曲，且态度消极片面；通过改变其行为方式来提升小丁的自信心，并帮助其消除自卑的心理。在改变认知的过程中，小丁感觉获得了不错的效果。

3. 咨询后期（4次咨询）

巩固前期咨询治疗效果，使得来访者进一步深入理解潜意识的功能，学会与自己的潜意识成为盟友。评估咨询效果，教会来访者在今后的工作、学习、生活中遇到问题时如何积极处理和分析应对，同时处理分离焦虑。

效果评估

（1）来访者自我评估：感觉经过两个月的咨询工作，自己的睡眠改善了，焦虑消失了，能够与班里的战友一起开心地工作生活，这是感到收获最大的地方。以后需要时，还会来咨询。

（2）来访者指导员的评估：明白小丁这一切之后，要给予小丁多一些尊重和理解，多关心小丁，带给他更多的温暖，促使他积极成长。

（3）咨询师的评估：来访者内省能力较好，咨询过程比较顺利，效果也比较明显。结束时，SCL-90测评结果显示：焦虑因子1.62分、抑郁因子1.8分。测评结果正常。每晚睡眠能持续6小时以上，头痛症状也消失了。咨询3个月后就再没有睡眠不好的现象，战友之间也能说说笑笑和睦相处，社会功能得到恢复。

参考文献

［1］李毅飞.认知行为疗法［M］.北京：中国轻工业出版社，2012.

［2］高隽.临床催眠实用教程［M］.4版.北京：中国轻工业出版社，2015.

［3］江光荣.心理咨询的理论与实务［M］.2版.北京：高等教育出版社，2005.

［4］郭念锋.心理咨询师（三级）［M］.2版.北京：民族出版社，2012.

［5］郭念锋.心理咨询师（二级）［M］.2版.北京：民族出版社，2012.

家庭引发的心理问题

娃到底跟谁姓

个案介绍

小张，男，30 岁，在机关任职多年，工作一直兢兢业业。部门领导给他的评价是：工作思路清晰，办事利索，听指挥，守规矩。与人交往低调平和，不争不抢，跟单位的同事相处得都很好。结婚 4 年，有一子一女，妻子家在附近城中村，虽然文化程度不高，但性格比较温顺。家里还因为拆迁分了好几套房，条件较为优越。按理说，小张也算得上是事业顺利、家庭美满，但小张最近愁眉不展，事情的起因是岳母让小张的儿子随妈姓。

主诉

小张的岳父母没有儿子，只有两个女儿。小张结婚后不久，岳母提出，老大随小张姓，但老二一定要跟岳父姓，小张当时并没太当回事，心想不管跟谁姓都是自己的孩子，就答应了。第一胎生的是个女孩，随小张姓。3 年后，也就是两个月前，妻子又生了个男孩。小张陪护假还没休完，还没从子女双全的喜悦劲儿里出来，某个下午，岳母借故跟女婿一起下楼散步，说起了改姓的事，小张有点迟疑。岳母看到小张的迟疑，一把鼻涕一把泪地说了起来。岳父岳母所在的城中村虽然位置在城里，但村民观念传统，有好事的在背后议论，说别看这家分了这么多房子，还是后继无人。没生男孩本来就是岳母的一块心病，听到这些议论，就更受不了了。岳母又说起当年小张的承诺，小张哑口无言，只得答应改姓。

改姓的事小张一直都瞒着自己的家人，但也从此落下心病。别人跟他道贺，他强颜欢笑，与岳父家的关系也变得微妙起来。以前小张周末或休假时会去岳父家坐坐，经历改姓风波后，小张对岳父岳母有了一丝怨气，很少去看老人了。岳母在小张家帮着照顾孩子，小张回到自己家便一头扎进书房，看书、玩手机，等岳母带孩子睡下后，才回卧室睡觉。晚上入睡困难，翻来覆去就想这件事：怎么跟家里人交代？同事当初就说他命好，"嫁"了个城中村的，要知道现在的状况，应该会笑话自己吧！村里人会怎么看自己呢？晚上休息不好，白天工作也打不起精神，还出现了几次小错误。还有一次竟然忘记跟部门领导汇报需要开会的事情，受到了严厉的批评。小张感觉自己的心理出了问题，鼓起勇气踏入了咨询室。

成长经历

小张出生在山东某农村，父母都是地地道道的农民。除了种地，农闲的时候父亲会出去在工地上干干零活。父亲为人憨厚老实，经常教导小张在外面要与人为善，不要惹事。妈妈是典型的家庭妇女，勤劳，话很少。家里还有两个姐姐，均已出嫁，年龄与小张差距较大，二姐都比小张大10岁。当年是违反计划生育政策生的小张。小张从出生起就是黑户，不但不给分田，家里还要交罚款。为此小张一直觉得有压力，也觉得愧疚。他自小懂事听话，学习上很上进努力，以优异的成绩毕业，在基层任职1年。因表现好，被调回支队机关。这次家里老父亲知道添了个孙子，高兴得把珍藏了20年的好酒揣怀里，连夜找到村里的小学校长，给孙子起了名字。小张想到如果老父亲知道孙子连姓都被改了，不知道有多失望。想到这儿，心里就很难过。又后悔结婚后轻易答应改姓，觉得自己缺心眼。

问题评估

　　小张的主要症状包括：失眠，入睡显著推迟，每天要到凌晨一两点才能睡着，早上起来后感觉乏，精力不够，中午要睡 1 个多小时，下午起床也感觉没精神，无力；焦虑，对于改姓这件事情很抗拒，但又觉得迟早得做，很矛盾；忧虑，对于改姓后的状况充满担忧，觉得父亲会很失望，村里人会觉得他是上门女婿，同事们也会笑话他；吃得少；跟妻子在一起时容易生气；工作效率下降，频繁出错；人际关系有回避行为，社会功能受损。

　　心理测查：SDS 标准分 54 分，SAS 标准分 61 分，SCL-90 测评总分 178 分，焦虑因子 3.2 分，抑郁因子 2.3 分。

　　诊断：考虑到小张自知力、定向力良好，应答切题，无幻觉妄想，排除精神病性问题。又因小张的症状由明确的应激性事件引发，持续时间不超过 3 个月，心理冲突没有变形，排除神经症，应为严重心理问题。

咨询方法及设置

　　小张的问题由单纯的生活性事件引发，本人理解力、沟通能力较好，并且针对失眠，非药物的认知行为治疗效果较确切，咨询整体运用 CBT（贝克认知行为疗法）。经和小张商定后，咨询设置为一周 1 次，每次 1 个小时，共 6 次。

咨询目标

　　（1）睡眠恢复正常；

　　（2）心理冲突自洽，焦虑、担忧的情绪平复（临床心理测查无阳性因子或评分显著降低）；

　　（3）社会功能恢复；

　　（4）改善与爱人、岳父岳母的关系。

个案概念化

促发因素

岳母要求改姓。

横断观点

（1）情境：不得不给孩子改姓。

（2）情绪：抗拒，难受，焦虑。

（3）自动思维：如果孩子改姓，父亲会难过，周围人会笑话自己，自己就成了上门女婿。

（4）行为：反复思考，失眠，人际回避。

纵向观点

（1）补偿策略：如果我努力、听话，不让重要他人失望，别人就会喜欢我；如果我不努力，不听话，让重要他人失望，别人就会讨厌我。

（2）核心信念：我是不可爱的。

优势与长处

家庭稳定，子女双全，工作稳定，领悟力好，为人勤奋上进。

工作假设

来访者为"超生黑户"，家里被罚款，在村里无田，自小对父母有愧疚感，性格顺从听话，很重视周围人特别是重要他人对自己的看法，可能通过听重要他人的话，努力学习、工作来平衡愧疚感。在与岳母的互动中，也试图满足对方的期待，但同时又与满足父亲的期待有冲突，心里难过，对岳母不满，采用了被动攻击的方式。另一方面，在中国传统思维里认为改姓是男人没出息的表现，加重了小张的心理负担。

治疗计划

改变自动思维（苏格拉底式提问、代价收益技术、连续体验技术、全部失去技术、行为实验、虚假接受行为表演技术）。矫正中间信念与核心信念（箭头向下技术、两个我技术、客体化距离化技术、核心信念表）。

治疗方案

1. 建立关系

2. 干预流程

（1）认知教育。介绍自动思维与情绪的关系，以及通过改变自动思维来改变情绪的方法。

（2）失眠的认知行为治疗。限制总的睡眠时间。不在床上做与睡眠无关的事情，拿出固定的烦恼时间来思考烦恼的问题，不管睡多晚，都在规定时间起床。困了再睡，不困就起，不赖床。小张入睡困难的症状改善得很快。

（3）时间计划表。安排一些愉快的活动，建立人际关系，增加健康娱乐。

（4）家庭作业。记录自动思维，并自我检验自动思维。

（5）核心信念改变。认识到自己的核心信念是"我不可爱"，补偿策略是迎合重要他人。通过认知干预，小张的核心信念有所松动。

治疗过程

1. 治疗初期（第1次）

收集资料，建立关系，评估症状与诊断，约定治疗流程与方式。熟悉 CBT 的治疗过程。

2. 治疗中期（第2—5次咨询）

（1）症状检查，情绪量化。症状检查，通过量化情绪，评估小张上周的情绪状况，典型提问如："上一周你的情绪怎么样？如果给这个情绪打分，你会打几分？当你有这个情绪的时候，你在想些什么呢？有没有记录在自动思维监测表上面？"小张开始时报告最多的情绪是烦恼、后悔与愤怒，评分在 6～8 分之间。出现最多的自动思维是如果孩子改姓父亲会难过，周围人会笑话自己，自己就成了上门女婿。行为问题主要有反复思考、失眠、人际回避。对这些观念的确信程度在 70% 以上。

（2）箭头向下与控辩技术。哪些证据证明如果随母姓就是上门女婿？有没有反面的证据？有哪些证据证明同事在嘲笑自己，能否做行为检验？通过干预，小张逐渐形成了更适应的观念，如没有证据证明一定要跟父姓，法律上规定孩子可随父母任何一方姓，许多名人都是随母姓的。通过行为实验，小张发现父亲不像自己想的那样失望，反而说让他们两口子自己商定，同事们也并没有笑话自己。虚假接受行为表演技术让小张看到岳母强势背后的痛苦、不安与无奈，也看到了她对他们这个小家庭的付出，小张心生感激。全部失去技术让小张看到自己生活中拥有的真正重要的东西：小家庭美满，事业不错，儿女双全。小张也下定决心好好守护生活中拥有的东西。箭头向下技术引出核心信念——我是不可爱的，以及需要通过迎合重要他人来补偿，而后又会产生悔恨、自责等心理机制。通过"两个我"，让成年的小张与童年的小张进行对话，最终使小张减少自责，达成自我理解与自我接纳。

3. 巩固及结束治疗（第 6 次咨询）

对前 5 次咨询做回顾与总结。复习自动思维监测表，对功能不良的自动思维重新检验。再次介绍 CBT 的流程与几种基本的干预技术。鼓励小张遇到其他问题时，也可以应用 CBT 做自我调适，做自己的心理治疗师。约定 1 个月后随访。

效果评估

一个半月后做效果评估。

临床测查：SDS 标准分 44 分，SAS 标准分 47 分，SCL-90 总分 146 分。

自我评估：经过一个半月的咨询，感觉自己好像换了个人，工作状态也回来了，与爱人关系变好了，也更能体谅老人的不容易，家庭也和睦了。想到以前的纠结焦虑，觉得以前的思维太狭隘了，自己把自己弄得很累。

通过寻找自己的核心信念，发现自己人格中有讨好他人的部分。认识到当下就是改变的开始，以后要学会合理平衡自我需要和别人的期待，这样能活得轻松点。又恢复了往日的干练、利索。

咨询师评估：来访者遇到的问题比较明确，求助动机强，治疗配合度好，文化程度较高，有很好的领悟能力，因此咨询效果明确，推进迅速。失眠情况改善明显，基本能保证 7 小时以上的睡眠。目前情绪平稳，待人接物得体，工作效率恢复正常。

参考文献

［1］BECK J S. 认知疗法基础与应用［M］. 2 版. 张怡，孙凌，王辰怡，等译. 北京：中国轻工业出版社，2013.

［2］BECK J S. 认知疗法进阶与挑战［M］. 陶璇，唐谭，李毅飞，等译. 北京：中国轻工业出版社，2014.

［3］埃利斯，兰格. 我的情绪为何总被他人左右［M］. 张蕾芳，译. 北京：机械工业出版社，2015.

［4］埃利斯. 理性情绪［M］. 李巍，张丽，译. 北京：机械工业出版社，2014.

失明的大一新生

个案介绍

小王，男，18岁，大一新生，近4个月右眼不能视物，先后在多家综合医院住院检查，未发现任何眼部及颅脑病变。自述在北京大型眼科医院由一位老专家在眼睛周围注射3万元一支的药物，症状也未减轻。家人也带其祭拜过庙里的眼明菩萨，给他服用过活体动物的眼珠，右眼无法视物也无好转。小王认知能力正常，日常表现良好。

主诉

4个月前在考试前复习时，右眼有痒感，用手揉搓后出现红肿，感觉视物模糊后右眼看东西一片乌黑。在医院眼科住院治疗1月余，症状无缓解。1个月后，去参加高强度培训，刚到目的地，下车时突然晕倒，呼之不应，生命体征平稳，送医院急救持续1小时后醒来，对发生的事情不能回忆。1个月前母亲来看望小王后准备离开时，又出现一次类似发作，两次发作均在三甲以上综合医院急救3~5小时，各项化验检查均未见异常，自行好转出院。

成长经历

小王出生在城市的郊区，家庭经济情况一般。有一位大自己10岁的哥哥，至今未婚。父亲在小王10岁时突然病倒，瘫痪在床，需要母亲和哥哥的照料。母亲利落豪爽，待人接物周到，属女强人，是家庭经济的支柱。小王出生前母亲一直希望他是一个女孩。在生育小王时，母亲大出血，最后切除了子宫。小王一直到高中毕业都和家人一起生活，上大学是他第一次离开家。

经历的重要事件

（1）小王 7 岁的时候，在天安门广场和解放军叔叔合影，立志成为一名军人。小王高中成绩一般，并因为手受伤在高二休学半年，高考成绩 200 多分，计划大学期间入伍，但学校名额较少。

（2）小王回忆，10 岁时正在学校上课，老师让小王去一趟医院，哥哥在路上叮嘱小王不能掉眼泪，要不妈妈会伤心。在医院看到爸爸躺在病床上，妈妈非常悲伤无助。小王对这个场景记忆非常深刻。

（3）小王在学生时代没有什么朋友，初中时被一个常常抽烟、喝酒、打架的小混混同学欺辱打伤，学校叫来了双方家长，后来事情以对方家长到自己家中探望和道歉告终。

（4）小王因为是超生的孩子，父母又无钱缴纳罚金，到十几岁还没有户口，一直担心没法上高中。小王小学时学习成绩很不错，但自认为上高中没有太大希望，放松了学习，成绩下降。后来因政策照顾，得以正常就读高中。

（5）小王 5 岁时因把一盘菜端到自己面前独自食用，被父母批评抢食。自从那件事以后，只要有食物，一定先让父母和哥哥吃，自己最后吃。并且餐桌旁家人没有到齐坐下，自己不能开始吃饭。自己认为必须得这样做，并没有什么不妥。

问题评估

小王首次因精神紧张发病，出现右眼无法视物，后期两次晕倒发生在学习强度大、与家人分别的心理应激情境中。症状的出现与小王幼年成长史有关。小王家庭经济情况一般，父亲重病，无劳动能力，小王心理发展幼稚，大学生活压力大，无法适应，入伍当兵的愿望迫切但又与实际能力不符，出现无法承受的矛盾和挫折，就采用压抑的心理防御机制，拒绝面对这些困难，从而出现转换型感觉障碍——右眼失明以应付所面对的挫折。明尼苏达多项人格量表结果显示：谎言 69.22、防御 69.88、疑病 66.47、抑郁 52.09、癔症 61.56、精神衰弱 59.26。小王右眼失明，但对光反射良好，眼底检查正常，无器质性疾病障碍，诊断癔症性失明。

咨询方法及设置

运用心理动力学疗法，通过倾听、共情等方式，建立稳定的咨询关系，识别命名主要的情绪情感，澄清解释深层的潜意识，对自我过往进行梳理，采用疏泄和催眠、暗示等方法。经和小王商定后，咨询设置为每周 1 次，每次 50 分钟。

咨询目标

短期咨询目标是缓解消除眼部症状，能正常适应大学生活。长期咨询目标是让小王对自我有更深刻的认识，促进人格完善，增加安全感，增强自我功能。

咨询过程

1. 咨询初期（2 次咨询）

此阶段主要是收集资料、建立咨访关系、建立治疗同盟，以接纳、共情、积极关注的态度为来访者服务。询问和倾听小王的家庭背景、个人成长史，请他详细回忆近几个月发病后的诊疗经过和感受，向小王说明心理动力学心理治疗的目标和过程，让小王了解到，通过心理咨询，他会在与咨询师的关系中体验过去、感受情感，让他逐渐感受到过去的经历象征性地再现是导致心理痛苦并出现眼睛无法视物的原因。因为现在唤醒了童年的冲突情绪和焦虑，希望通过几个月的心理治疗，让小王认识这些潜意识过程，减少痛苦的情绪，并可能产生新的行为。小王反馈他自己觉得可能有一天，他的右眼就会突然能看清了。

2. 咨询中期（12 次咨询）

此阶段主要是处理移情、阻抗、退行，使潜意识意识化。在治疗过程中，不过多和小王谈论眼部症状，不检查眼部视力，注意力放在小王的心理感受和过往经历上。在和小王的第 6 次访谈中，显示出他对母亲有矛盾情感，除了钦佩感激，又有一点怨恨，同时认为母亲不容易，自己不该对母亲有不敬的感觉。自己想出人头地，担起家庭重任，又为自己薄弱的体质、低下的学习能力而沮丧。小王在口欲期没有得到母亲足够的关心，一直没有被重视，形成"不安全感"依恋，对他人过度依赖。小王首次出现症状是在考试之前，第 2 次是要参加强度大、要求高的培训时，第 3 次发作是母亲来学校看望他、相处 1 个月要离开时，发作均与安全感缺失有关。所以咨询师给小王创造了安全自由的环境和持续抱持的状态，让他宣泄心中的紧张痛苦，引导他叙述相关的内容和感受。同时兼顾小王右眼无法视物的继发性获益，但不当面指出：眼睛看不到，是身体生病的状态。在和小王的第 8—10 次咨询中，用催眠技术引导和暗示，催眠脚本中体现出对父母的倾诉、对自己的接纳、眼睛症状改善后的生活和景象。母亲对他的期待是平安健康，并不一定要出人头地。小王在这几次咨询之后感到了轻松和解脱，感到自己眼部症状减轻，右眼视物不再是乌黑一片，开始有明亮的光影，后来逐渐能看清影像。

3. 咨询后期（2 次咨询）

巩固前期治疗效果，处理分离焦虑，小王觉得有能力掌控自己的生活学习，能应对可能发生的变故，在今后训练工作和交友中遇到问题时能评估问题，能理解自己的做法，对自己的未来也有多种展望。

效果评估

（1）来访者自我评估：感觉经过近半年的咨询，对父母家人的亲近感不同以前了，可以放下自己和母亲相处，通话没有那么多担心了。自己对未来的期许更实际了一些，对老师和同学依然很尊敬，但没有那么担心紧张了。

（2）来访者辅导员的评估：小王在学校表现挺好的，学习任务完成得不错，非常勤快，同学之间关系融洽，常常读书，也主动锻炼身体。

（3）咨询师的评估：咨询过程中来访者主动表达内心冲突，引导后来访者清晰地看清并接纳愿望，放弃了自己一直以来的执着。咨询过程比较顺利，症状消失，效果也比较明显。

参考文献

［1］郑日昌，江光荣，伍新春. 当代心理咨询与治疗体系［M］. 北京：高等教育出版社，2006.

［2］王长虹，丛中. 临床心理治疗学［M］. 北京：人民军医出版社，2004.

［3］URSANO R J，SONNENBERG S M，LAZAR S G. 心理动力学心理治疗简明指南：短程、间断和长程心理动力学心理治疗的原则和技术［M］. 3 版. 林涛，王丽颖，译. 北京：人民卫生出版社，2010.

［4］全国卫生专业技术资格考试用书编写专家委员会. 心理治疗学［M］. 北京：人民卫生出版社，2017.

突然回归的妈妈

个案介绍

韶华，男，20 岁，身高 1.73 米，体形偏瘦。韶华是一名来大城市打工的年轻人，目前是一名厨师，就像大家私下调侃所述，韶华这个人比较"油滑"，这个油滑既是指韶华整日与柴米油盐打交道，身上难免沾染油渍，也侧面说明了他个人卫生一般。做厨师 1 年多来，虽然谈不上成绩斐然，但也总算没出什么大的差错。只是两个月前，家里发生了一些事情，先是奶奶生病了，后来他从出生开始就没见过的"妈妈"回来了，之后他感到极度烦躁，总是想发脾气，甚至梦到自己控制不住伤人，为此来访。

主诉

韶华自述，最近心情很糟糕，什么事情都不想干，比较烦躁，甚至有伤人的冲动，自己也真的买了一把刀子。晚上也睡不着，脑子里总是想那些事情，睡着了也会做噩梦，梦到自己冲动伤人。他为自己近期的想法和行为感到担忧。

成长经历

韶华出生之后不久，爸爸因为吸毒进了劳教所。妈妈在爸爸进入劳教所后，留下 3 个月大的韶华离家出走，此后的 20 年里，音讯全无，不知所终。爸爸反复出入戒毒所，对韶华缺少关照，对爷爷奶奶也很冷漠。年幼的韶华一直跟着爷爷奶奶生活，二老对他特别好。在幼年的记忆里，照顾韶华的任务完全由奶

47

奶担负。

上幼儿园时，韶华每次看到小朋友能投入妈妈的怀抱都很羡慕，他心里很渴望有妈妈的温暖怀抱，渴望能看到妈妈的笑容，渴望一家人坐在一起吃饭。可是他连妈妈长什么样都不知道。爷爷奶奶告诉他，妈妈走了，不要他了。他不明白，为什么她能够忍心丢下自己。既然生了自己，为什么又不养？上小学时，同学们会嘲笑他是没妈的孩子，嘲笑他穿得不好看。韶华的成绩并不好，老师和同学对他不冷不热的，他也总是隐藏自己，不想被人注意。

韶华勉强高中毕业，爷爷说去大城市打工吧，收收心性。虽然满心的不情愿，但是韶华觉得还是不能违背爷爷奶奶的意愿。因为他知道，这么多年，二老养育了父亲之后又养育了他，非常不易。

到了大城市，最初的适应还是挺困难的，在给爷爷奶奶简单地报平安之后，就不知道给谁打电话了。两个月前，奶奶生病，韶华回家探望，却意外地见到了出走多年的妈妈。可令韶华没有想到的是，妈妈并没有如他幻想了无数次的重逢场景中那样对自己温言细语、百般疼爱，反而是他沉默不语，一直听妈妈抱怨这20年时间里生活的拮据。

回到打工的城市后，妈妈偶尔也打电话给他，但主题只有一个，那就是劝韶华继续打工，甚至说"钱比命重要"。他不明白，为什么妈妈20年不曾管过自己，现在却非要让他按照她的意愿生活，为什么妈妈就不在乎他的感受。他感到压抑、难过，睡不着觉。

经历的重要事件

（1）这些年，爸爸在吸毒、戒毒、不知去向中徘徊，韶华见到他的次数双手都数得过来。有一次，爸爸回来了，还给韶华买了一根棒棒糖，韶华很开心。晚饭后，他听到爸爸在跟爷爷吵架，爸爸说："你留着钱干吗？不给我花。"后面的话很难听。他实在想不明白，为什么别的小朋友的爸爸都赚钱养家，而他的爸爸却如此不堪。

（2）总有人私下里议论他家里的事，比如说韶华爸爸吸毒，对待老人、孩子不好，说韶华妈妈跟别人跑了，韶华很可怜。特别是小学三年级时，有个同学对韶华说："你是有人生没人养的野孩子。"为了这句话，韶华把对方的鼻子打出了血，还被老师请了家长。中学之后他学习成绩骤降，沉迷于打游戏，也没人管。他甚至羡慕别人有父母唠叨。

（3）两年前听从爷爷的建议外出打工，可是韶华一直都不适应，他怕和别人聊家里的情况，回避给父母打电话的情境。他无数次想回去，可是一想到年迈的爷爷奶奶，怎么也要坚持到攒些钱再回去。

（4）奶奶病重了，韶华请假回去探望。将近两年没回家了，家里还是老样子，只是爷爷奶奶老了。家里的很多亲戚都来看奶奶，可是作为奶奶儿子的父亲并没有回来探望，甚至连电话都没有。韶华觉得对爸爸失望极了，甚至怨恨爸爸。

（5）在韶华明确表示想要回家时，妈妈起初劝他还是留下，至少还有收入。当韶华说，现在的工作不适合他，过得不舒心，妈妈直接说："要舒服干啥，钱比什么都重要，钱比命重要，没有钱什么都是白费。"韶华多么希望妈妈能够支持他、爱护他，可妈妈的态度让他对生活最后的期望也崩塌了。

问题评估

该案例属于不合理认知引起的焦虑情绪障碍，主要表现为心情烦躁易激惹，脾气难以控制，有冲动行为和失眠问题。韶华的问题更多是情绪上的愤怒。这个愤怒源自认知和成长经历。韶华对父母的恨，其实是他内心对父亲"爱"的渴望得不到满足时的一种反应。在韶华的观念里，他觉得"我也没有错啊""为什么生我却不养我"。这个问题从来没有答案。再后来，韶华妈妈突然回归，并且因为她这些年生活并不幸福、经济拮据，提出让韶华做继续留在大城市打工的决定，这给韶华传递了一个信息：妈妈过得不幸，完全是因为没钱，所以钱比命重要。在这个案例里，很显然韶华被爱的渴望并没有得到满足，而且韶华认为母亲有想要控制自己的想法。作为孩子，韶华需要的是被爱，他的妈妈忽略了她离开韶华生活多年，爱的连接是断的，此时任何强加的劝告对于韶华而言都是强迫。所以不难理解为什么韶华会形成"为什么你那么残忍地丢下我！现在又来管我"的想法。

咨询方法及设置

咨询师分析之后，觉得这个案例可以尝试使用以焦点解决短程为主的方法。首先理解来访者的感受，确定来访者的目标，让他明白情绪是愤怒，愤怒来自妈妈生而不养、强加干预，随后需要引导他表达愤怒，接下来需要帮助他找到原来的点滴美好。引导来访者搜寻记忆中美好的记忆，使其接受现实。双方商定咨询设置为7次，每周1次，每次50分钟。同时约定，一旦遇有突然的糟糕想法，可随时到心灵驿站进行咨询。

咨询过程

1. 咨询初期（2次咨询）

主要是收集资料、建立咨访关系、建立治疗同盟，以接纳、共情、积极关注的态度和来访者互动。第2次咨询时，韶华袒露了自我伤害和伤害他人的冲动。因此咨询师认真收集了来自韶华本人、单位经理及同龄好友所反馈的信息，并提出一起合力确保他安全的措施。

2. 咨询中期（3次咨询）

此阶段主要是请韶华表述自己的感受，比如糟糕的情绪、容易失控、发脾气等。在讲述的过程中，韶华会逐渐以自己的角度讲自己的故事，并讲出愤怒的来源。随后，处理积压的负性情绪，特别是妈妈所述的过激言论，帮助他完成二次情绪宣泄过程。咨询师告诉韶华："你可以指责他们，他们怎么能这样。""你觉得你这个妈妈做得怎么样？"韶华说："你怎么能这样做父母？你是坏妈妈。我从小就觉得你很坏！我恨你。你生了我，却不养我。你根本没有负任何责任！现在想回来管我，我不要听你的！你根本不了解我，我在这里生活得不好。"在第4次咨询之后的一个夜晚，韶华的妈妈又给他打来电话，还是劝他留下。其间，韶华告诉妈妈，我在这里过得很不舒服，我想回去，你们都不在乎我的感受。韶华妈直接说："生活得不好算什么，忍一忍就过去了。你要知道，生活最怕的就是没钱，没钱寸步难行。我要是有钱，也不至于现在这样！"韶华继续说："可是我真的过得太难受了，命都快没了，还要钱干啥？"韶华妈妈直言："钱比命重要，你的命不值钱。"那一夜，韶华又失眠了。咨询师第二天再次见到韶华时，他的情况更加糟糕了。所以，咨询师在继续清理韶华积蓄的负性情绪的同时，还对他加强社会支持引导。咨询师问韶华，大城市不好，那么有没有什么人，是他很在意的或者在这里对他很好的呢？韶华说，在这里，只有一个同龄好友和经理对他好、关心他。因此，韶华的同龄好友和经理参与到了主动帮助他的行动中。韶华妈妈的这次言语重伤让韶华一度拒绝继续咨询。不过在好友的鼓励下，他还是继续接受咨询。此后的咨询中，韶华继续说道："我过得有多难，你知道吗？你从来都不关心我过得多难！小的时候，别人都有妈妈，我没有！现在你回来了，你没有拉近我们的关系，反而不在乎我的感受，我是不会为了你违心做我不想做的事的！我恨你！你生我的时候，都不在乎我的命，我又怎么奢望你现在能够在乎我的命，我真是太傻了！"之后他便陷入了沉默。

3. 咨询后期（2 次咨询）

上次咨询中，韶华知道了自己产生如此激烈反应的原因，其实他愤怒的背后是在他的内心深处，非常希望自己得到父爱和母爱，只是特殊的情境使他的父母与他人不同。因此，父爱母爱的缺失给他带来了极大的痛苦。从这次咨询开始，咨询师请韶华回忆，在自己的记忆中，有没有哪个瞬间感到了自己是被爱的。他说了很多他跟奶奶之间的过往，讲了爷爷的过去。即使没有父母，爷爷奶奶也是爱他的，因为他值得被爱。再后来，韶华还跟咨询师说了曾经的立誓：有一次，放学的时候突然下起了大雨，别的同学都被父母接走了，只有他还在班级里等着，心里真的渴望父母来接。这时奶奶来到了学校。回去的路上，雨太大了，奶奶都淋湿了，却把韶华保护得很好，他特别感动。他说那时候还小，他就跟奶奶说："长大了，我保护您！"

效果评估

（1）来访者自我评估：小的时候，生活里只有爷爷奶奶，是他们养育了我，我很爱他们。现在，我的生活重新回到了和爷爷奶奶组成的三口之家的状态，自己感到舒服，不会情绪失控，也没有再发脾气，那就让这样的生活继续吧。

（2）来访者好友的评估：韶华不那么容易发脾气了，工作更加勤快了。

（3）咨询师的评估：相比于跟妈妈和解、接受妈妈，来访者更易于重新回到原先的生活状态。虽然谈不上实质的咨询改善，但也难能可贵，这主要在于他内心感受到了爷爷奶奶的爱。这次咨询没能把一个惨淡的故事讲得更圆满，但至少回到了之前平衡的状态，虽然不是成功的咨询，但取得当下的改变，整个咨询过程也异常艰难。这个案例留下来的，更多的是反思和启迪。

□ 后记

一个人在原生家庭中的关系决定了这个人的心理健康程度。诚然，也有例外。当子女能够感受到对父母的爱，并且也能够开始表达自己对父母的爱时，他们内心的纠缠就已经解开。他可以顺利地接受爱，也可以顺利地给予爱，他内心情感的通道是畅通的，这将不再成为他人生中的一道障碍。

韶华更在意选择自己的生活。人人都想按照自己的意志生活，想要一种所谓的自由自在，没有人愿意按照别人的想法生活，除非提线木偶。当被要求按照他人的想法行事时，就可能产生愤怒。同时韶华也渴望获得母亲的关爱，他有满腹委屈，毕竟生而不养、生而弃之对于一个人来说是多么绝望。不禁让人想起了李玫瑾老师的那句话：幼年，本该是被爱被呵护的年纪。确实，如果一个孩子在应该被父母给予爱与呵护的阶段没有得到相应的情感，怎么能指望他爱自己、爱父母、爱周围的人呢？所以轻则不自爱，重则都不爱。

对于韶华这种特殊情况，注重宣泄负性情绪，缓解或暂时屏蔽糟糕的人际关系，诱导出其他方面的爱，会好得多。就如动画片《大头儿子小头爸爸》中说的，爱就是力量。这个力量可以让他爱自己、爱父母、爱周围人。

参考文献

［1］李玫瑾. 犯罪心理研究：在犯罪防控中的作用（修订版）［M］. 2 版. 北京：中国人民公安大学出版社，2017.

［2］特克斯特. 与情绪和解［M］. 蔡世伟，译. 北京：北京时代华文书局，2018.

［3］拉特纳，乔治，艾夫森. 焦点解决短程治疗：100 个关键点与技巧［M］. 赵然，于丹妮，马世红，等译. 北京：化学工业出版社，2017.

［4］沙泽尔，多兰，科尔曼，等. 超越奇迹：焦点解决短期治疗［M］. 雷秀雅，刘愫，杨振，译. 重庆：重庆大学出版社，2015.

郁郁寡欢的小王

个案介绍

小王，男，24岁，身高1.7米左右，身形瘦削，快递员，工作6年。小王工作认真卖力，但平时说话常常火药味十足，和同事关系比较紧张。因为工作和训练中鸡毛蒜皮的小事，时不时与同事发生口舌之争，闹得大家都不愉快。为此，他常常睡不好觉，吃饭没有食欲，感到非常心烦和郁闷，所以前来咨询。

主诉

小王自述对人挺好的，也有不少朋友，认为自己重感情、对朋友讲义气。小王感到单位同事工作标准低，太偷懒，自己实在是看不上。自己的问题是晚上睡不着，第二天早上起来浑身沉重，没有一点力气；吃饭也没有胃口，都是逼着自己凑合着吃一点，身体也越来越瘦了。两年前，小王觉得自己神经衰弱，去医院精神科门诊就诊，这两年花了三四千元钱买药吃，可吃药后睡眠还是时好时坏。小王说自己很犹豫要不要换工作，现在的工作很没有意思，但又觉得自己学历不高，也没啥一技之长，辞职后日子不知怎么过，为此终日忧心忡忡、郁郁寡欢。看到有义诊，便前来咨询。

成长经历

小王出生在南方某省的农村，父母都在老家打工务农。小王是家中长子，还有弟弟妹妹。从小王记事起，家中便争吵不断。妈妈比较能干，不满爷爷奶奶的偏心，和爷爷奶奶长期关系不和，吵架时吵着吵着甚至还会动手。妈妈对爷爷奶奶最宠爱的三叔尤为不满，曾和小叔子吵到大打出手。爸爸老实木讷，当出现家庭冲突的时候，常常默不作声，隐忍不发。妈妈看到爸爸无动于衷时就很上火，痛骂爸爸作为一家之主却不能平息矛盾，是个窝囊废，爸爸常常被激怒，会对妈妈拳脚相加。妈妈感到自己在家庭中腹背受敌，里外不是人，但考虑到自己尚有3个未成年的孩子，只能在这样的家庭中忍辱偷生。小王从小目睹家庭矛盾，认为妈妈很可怜，爸爸很无用，爷爷奶奶很偏心，三叔最坏，发誓自己成家以后一定不对老婆动手。小王小学时成绩还不错，初中学习就不太跟得上了。初中毕业考上了技校，从技校毕业后，小王为了减轻父母的负担，找了份工作。头两年工作劲头足，后面接二连三遇到不顺心的事情，就开始睡不好、吃不下，整个人无精打采，出现前面所述的问题。

经历的重要事件

（1）小时候，小王是家中的老大，比较懂事，特别心疼妈妈。让他印象深刻的是，有一次又为了大家庭里面的事情，爸妈大打出手，爸爸当着他的面，把妈妈从楼梯上推了下去。小王说，他当时吓死了，觉得天塌了。所幸，妈妈那次没有摔死。

（2）小王工作的第二年，在一次派件路途中，脚受伤骨折。小王认为这次骨折是因为他被临时叫来加班引起的，因为加班才会碰到车祸，导致骨折。脚骨折后，在住院的第一周，小王认为按常理单位领导应该来医院探视，结果住院期间没有人来探视。骨折在小王看来已是人祸，没有领导探视更让小王觉得自己不被人重视，没有得到应有的关心。骨折后休养的这一年，小王陷入了人生里面第一阶段的郁郁寡欢。

（3）小王脚伤痊愈后回单位继续工作，其间小王勤勤恳恳、任劳任怨，内心特别期待能升职当上组长，并且将自己的心愿告诉了经理，经理表示支持。小王了解了当时其他同事的意愿，知道无人和自己竞争，确认升职是板上钉钉的事。当年7月，小王惊闻居然没有升职指标。原来新来的大领导把指标全部划拨给其他部门了，小王所在的部门一个指标都没有。小王认为是经理没有在开会时为自己争取，气愤异常，陷入深深的挫败和失落之中，同时认为无法再跟经理共事。工作这么多年还是快递员，升职受挫让小王万念俱灰，开始失眠，很长时间的失眠进一步导致无心、无力工作。为此小王自己悄悄去医院就诊，医生诊断为抑郁症，小王开始服药。

（4）在个人情感方面，小王唯一真正喜欢过的人是他的一个初中同学。小王说两个人在一起玩时很舒服、很默契。自从工作离家之后，都是这个初中女同学主动联系和关心他，嘘寒问暖，给他打气加油。脚骨折后的那一年，因为自己心情不好，实在懒得搭理人，就算是女同学的关心和问候，小王也是有一搭没一搭地回应。由于自己的冷落，再加上其他男同学的热烈追求，这个女同学最后嫁给了别人。小王工作第三年休假回家，在路上偶遇该女同学，突然感到心抽得疼，实在无法和颜悦色地面对眼前的女同学，落荒而逃。此后，小王常悔恨不已，痛恨自己没有抓住本属于自己的幸福。后来，同学和朋友也介绍女孩子给小王认识，但是小王一直提不起精神来，都是不冷不热地简单聊聊就结束了。

问题评估

该案例属于家庭矛盾冲突影响下产生的轻度抑郁症。小王由于出现严重的睡眠障碍，白天精神不济、注意力不集中，浑浑噩噩，容易为了鸡毛蒜皮的小事和身边同事斗嘴、起冲突，人际关系紧张，茶饭不思，日渐消瘦，晚上自怨自艾、自我否认、自我攻击，无法入睡，陷入了负面状态的恶性循环之中。考虑到其伴有长期的情绪低落、自我负面评价、睡眠障碍，社会功能有一定程度的受损，建议其到医院进行进一步心理诊断。医院精神医学科的诊断结果如下：颅脑 MR 平扫的诊断结果为双侧额叶、顶叶皮质下缺血性改变，右侧上颌窦囊肿；S 谱线（系）及分布图：谷氨酸显著增高、乙酰胆碱偏低、多巴胺显著偏低；脑功能评价：中轻度脑疲劳、脑抑制状态、前后脑梯度功能逆转；SCL-90 测评结果显示：躯体化 1.75 分、强迫状态 1.5 分；抑郁自评量表标准总分 51.25 分，诊断为轻度抑郁；焦虑自评量表诊断结果为无焦虑症状。综合以上症状以及精神科诊断结果，最后确认小王目前患有轻度抑郁症。

咨询方法及设置

咨询师综合分析后，确定这个案例以认知行为疗法作为治疗方法。主要是考虑小王认知狭隘，容易以偏概全，一直用自以为是、咄咄逼人的方式来要求自己和别人，认真刻板到吹毛求疵。遇到挫折都是错误归因、怨天尤人、自怨自艾，终日忧心忡忡、郁郁寡欢。同时，小王思路清晰，对自己有较好的觉察和感悟能力，且本人有强烈的个人意愿，想早日走出抑郁阴霾。经和小王商定后，咨询设置为每周 1 次，每次 50 分钟。咨询方式为面询。

咨询目标

短期咨询目标是缓解睡眠障碍，缓和人际关系，增加来访者工作中的自我效能感。长期目标是理解症状背后的原因，即从小家庭矛盾冲突对其认知行为所带来的负面影响，逐渐改变来访者绝对化、吹毛求疵、自我否认、自我攻击的认知行为倾向，促进其自我成长。

咨询过程

1. 咨询初期（3 次咨询）

此阶段主要是收集资料、建立咨访关系、建立治疗同盟，以接纳、共情、积极关注的态度为来访者服务。小王有较好的内省力，在初期建立了较好的互相信任的咨访关系。建议小王去医院做相关检查，明确咨询长、短期目标。同时，咨询师与小王所在单位的经理进行了沟通，为小王的成长恢复建立良好的环境基础。

2. 咨询中期（10 次咨询）

第一阶段，通过个人成长分析，让小王了解自己心理问题产生的原因，释放和修复从小在家庭矛盾冲突中所受的创伤，重新梳理家庭成员的关系。咨询师让小王客观了解和意识到妈妈作为家中长媳，在大家庭的家长里短中只站在自己小家的立场上争长短，认知偏执、情绪暴烈，是家庭矛盾的主要触发者；爸爸个人能力有限，未能给小家庭充足的物质条件保障，且在自己父母和妻子之间沟通协调的能力不够，未能为妻子分忧解难，最后通过家庭暴力的方式来解决家庭纷争，只会恶化关系，加重妈妈充满怨恨的受害者心态；爷爷奶奶大家长做派，有失公允时有发生，但是一直拉扯着自己所有的子女、孙子孙女，一大家子 20 多口人，确实很难做到绝对公平公正，没有功劳，确实有苦劳。通过分析成长经历，让小王知道从小的家庭环境，特别是妈妈的性格特征影响，导致他养成敏感、偏执、苛刻、攻击的认知情绪行为模式，但父母的不离不弃、辛勤劳作也培养了他吃苦耐劳、心地善良的品质特征。咨询师引导小王尝试着换位思考，了解家庭中每个人的不易、艰辛以及局限性，实现小王对家庭成员的理解和接纳，特别是让小王认识到从小养成的认知情绪行为模式是工作后遭遇各种挫折并产生抑郁症的内在原因。

第二阶段，通过练习情绪管理，在真实地与人接触的过程中去感受情绪管理给自己带来的转变和提升。小王说："挺喜欢和同事们吹牛，就是情绪不好的时候实在控制不住，前两天在两三件小事情上，情绪还是没有控制住。"咨询师引导小王描述他所说的没有控制住情绪的"小事情"的发生过程，让他觉察、感受、体会和面对自己的认知情绪行为模式。比如其中一次口舌之争：小王想让经理给派件同事提供矿泉水喝，经理以库房没有矿泉水为由拒绝，小王说早上刚看到库房有，认为是经理故意不履行拿水的职责，结果两人大吵一架。咨询师引导小王对吵架的发展过程一步一步进行分析评估，引导小王尝试新的认知情绪行为方式，从而改善人际交往，提升自己的自我效能感。

第三阶段，主要行为调整和控制。小王面询的 5 个月里，咨询师要求小王每日运动打卡，每周美食鉴赏打卡，每日读书打卡，让小王戒断网络游戏，通过增强体质、增加食欲、提升认知水平，不断提高小王的自我操控感和信心。此外，引导小王通过申请住房公积金、咨询当地房产中介等途径，将回老家县城购房纳入个人年度计划；引导小王通过老家朋友介绍认识女孩子，将谈恋爱作为学习、工作之外的一项重要个人追求；诸如此类，通过设定具体的目标，并且让目标逐一落实，让小王不断找寻工作、学习和实际生活的自我操控感和成就感。

以上三个阶段中，咨询师着重把握的环节包括负面认知矫正、负面情绪觉察管理、积极行为积累养成等方面。本过程的咨询，收到了较为明显的咨询效果，来访者小王的个人工作、生活状态明显向上向好发展。

3. 咨询后期（3次咨询）

巩固前期治疗效果，使小王进一步理解和练习积极认知情绪行为模式。评估咨询效果，使小王学会在今后生活中遇到问题时如何理解、分析和应对。

效果评估

（1）来访者自我评估：初期、中期及后期咨询全部结束后，感觉入睡比之前容易了，整个身体轻松了许多，生活和工作状态明显提升。能有意觉察自己的负面情绪，开始尝试着理性管理自己的负面情绪，慢慢去调整和身边人的关系。在咨询师的引导下，找到了今后改变和成长的方向，看到自己的变化，觉得有收获。会珍惜心理教员给予的帮助和支持，在后续的人生道路上会积极努力创造属于自己的工作和生活。

（2）来访者同事的评估：小王变得更加随和，没有之前那么难相处了，大家也愿意和小王结伴工作了，单位里欢声笑语比之前多了。

（3）咨询师的评估：来访者内省力较好，咨询过程比较顺利，效果非常明显。咨询结束时，抑郁自评量表测评结果正常。

参考文献

［1］张伯华，刘天起，张雯. 心理咨询与治疗教程［M］. 济南：山东人民出版社，2010.

［2］全国卫生专业技术资格考试用书编写专家委员会. 心理治疗学［M］. 北京：人民卫生出版社，2017.

［3］张春兴. 现代心理学［M］. 上海：上海人民出版社，1994.

［4］麦克威廉斯. 精神分析案例解析［M］. 钟慧，等译. 北京：中国轻工业出版社，2015.

远在天堂的外婆

个案介绍

小李，男，20岁，身高1.8米，体形微微偏瘦，是一名基层部队的战士。穿着整齐，言谈举止得当，是个英俊帅气的男孩。入伍两年来，小李一直严格要求自己，工作勤勤恳恳，不论是业务学习还是军事训练，成绩都很突出。他尊重领导、团结战友，乐于助人，人际关系良好，连续两年被评为优秀士兵。近3个月，小李莫名其妙地爱发脾气，情绪不能自我控制，做起事来不能专心，日常工作总是出错。因为训练成绩不达标，拖了班里的后腿，被班长批评，还因为一些鸡毛蒜皮的小事跟战友发生争执，总觉得班长和战友们事事都针对他。目前状态影响到了小李的日常生活和工作。尤其是最近两周，小李感到工作消极，情绪低落，经常失眠，为此烦恼，前来咨询。

主诉

小李自己说："我也想好好干工作，跟连队战友相处这么久了，很有感情，可是不知怎么回事，现在他们一跟我说事情，我就心烦、不爱听。有时说多了，我摔门就走，明明知道这样做是不对的，但我控制不了自己的情绪。"曾经有一次，在训练中，因为训练动作不达标，小李受到了批评，班长让他反复做了几遍，他感觉班长在有意刁难自己，一股不明之火立即冒上来，非但没有重复做动作，反而有种想打班长的冲动，最后关头，在大家的劝阻下才收手。自从3个月前探亲休假回来后，小李也觉得自己变得特别敏感。近1个月，小李总是高兴不起来，晚上躺在床上翻来覆去睡不着，凌晨一两点睡着了也是迷迷糊糊的，早上四五点就醒来，醒来就再也睡不着了，白天晕晕乎乎的，看谁都不顺眼，感到心烦、焦虑。曾到医院做了全面身体检查，但未发现任何疾病。近期训练多、压力大，小李的情绪越发不好起来。不久前听了医院心理科专家的一次授课辅导，感觉自己可能是出现了心理问题，为此前来咨询。

成长经历

　　小李出生在四川汶川农村，妈妈爸爸都是农民，家中 4 个孩子，他是老大，因弟弟妹妹相继出生，家庭负担重，他在 2 岁时就跟着住在山脚下的外婆生活。爸爸妈妈常年在外打工，小李由姥姥一手带大。本以为到了上学的年龄可以回到自己的家，可是在小李 6 岁那年，外出打工的爸爸妈妈发生了车祸，意外身亡。弟弟妹妹分别被寄养在不同亲戚家中，小李只能与外婆相依为命。外婆非常怜爱小李，虽然家境清寒，但总是把家里最好的都给小李，让小李吃得好、穿得好，接受好的教育。在外婆的精心呵护下，小李慢慢地成长。从小到大，小李都非常懂事，别人家的孩子做完作业都会跑出去找小朋友玩，他知道外婆的不易，总是留在外婆身边帮助外婆做些力所能及的家务，几乎和外婆形影不离。一次，小李发现外婆的腰弯了，头发也花白了许多，他非常心疼，于是暗自发誓，一定要好好照顾年迈的外婆。

经历的重要事件

　　（1）小李 2 岁时离开父母，由外婆一人照顾，很少与父母在一起，记忆中对父母的印象并不深刻。

　　（2）6 岁时，因为父母发生意外，双双离世，家中弟弟妹妹分别寄养在不同亲戚家中，从此小李与外婆相依为命。外婆常常教育他："你是李氏大哥，样样需要做得最好，以后担负起照顾弟弟妹妹的重担。外婆年岁大了，总有一天是要离开你的……"每当外婆这么说时，他心中总是有种揪到一起的感觉，不愿意听到这样的话语。

　　（3）2008 年汶川地震时，小李才 10 岁，他被困在黑暗狭小的空间里，在他奄奄一息时，是解放军叔叔救了他。他醒来的第一句话就是"我外婆活着吗"。那一次，他心里害怕极了，他不能没有外婆。小李小小年纪便立下誓言，将来一定报答外婆的养育之恩，长大了好好照顾外婆。

（4）18 岁那年，高中毕业的小李在外婆的支持下入伍了。为了不让外婆失望，小李在部队的两年中表现非常好，经常与外婆打电话，告诉外婆自己取得的成绩。可近几个月每次打电话，亲戚均以不同理由阻拦他和外婆通话，他始终未听到外婆的声音。3 个月前休假，他回家想看个究竟，但舅舅以外婆出门探亲为由，再次拒绝告知外婆的去向。小李在休假期间被临时召回，回来后一种不祥的预感时常在他脑海里出现，同时在半睡半醒时他总能梦见外婆穿着一身黑色的衣服，手里拿着他用第一个月的津贴给外婆买的红色皮包，站在远远的地方，对自己挥手说："孩子再见了，外婆去天堂了……"每次小李想迎上去抓住外婆，他的梦就醒了。一次次地梦，一次次地醒，同样的梦持续了 1 周左右。

问题评估

该案例属于重要的生活事件造成的心理应激问题，伴有焦虑状态。社会功能有一定程度的受损。SCL-90 测评结果显示：焦虑因子 2.75 分、抑郁因子 2.52 分、人际关系敏感因子 2.48 分。医院诊断为焦虑抑郁状态。小李从小在外婆身边长大，对外婆的感情就像对妈妈一样割舍不下，亲属的多次隐瞒使小李心中充满了担心、害怕和恐惧，他隐隐感觉到外婆已经离开他了，舅舅知道他和外婆感情深，怕他伤心，不告诉他真相。同时他又不愿相信外婆真的已经离开他，内心矛盾重重。外婆去世这个严重的生活事件给小李造成了应激反应，不愿相信外婆去世这个事实又让小李的情绪无法宣泄。"从小到大那个最亲的人真的不在了吗？"这个问题一直困扰着他，他无法控制自己不去想这件事。极度痛苦的小李出现了心理应激反应，易激惹、情绪不易控制，人际关系敏感、紧张、焦虑、情绪低落，正常工作和训练受到一定的影响，社会功能一定程度受损，急需心理干预和心理咨询。

咨询方法及设置

咨询师综合分析后，觉得这个案例适合门诊森田治疗，结合"空椅子"对话技术进行心理危机干预。因为小李年纪轻，悟性较好，知识水平较高，咨询师擅长森田疗法。因小李外出就医时间有限，经和小李商定后，第一个月的治疗，每周1次，咨询设置为40分钟，以后为1~2周1次。咨询方式为面询。

咨询目标

短期咨询目标是解决现有焦虑情绪和睡眠问题，恢复以往正常的训练水平和表现，能和同事正常交往，恢复社会功能。远期目标是理解症状背后敏感、焦虑的个性因素，改变来访者不合理的信念，调整消极的应对方式，促进自我成长。

咨询过程

1. 首次咨询

此阶段主要是收集资料、建立咨访关系，以接纳、共情、积极关注的态度倾听小李的讲述。咨询从跟随开始，让小李讲述他的困扰。小李信任咨询师，他既往表现优秀，有一定程度的内省力，在初期建立了较好的咨访关系。小李同咨询师共同制订了下一步的治疗计划。

2. 咨询中期

此阶段主要是利用空椅子技术进行情绪宣泄，结合森田疗法"顺其自然，为所当为"的原则，鼓励小李面对现实生活，认识到接受症状的本来面目，不试图去控制，症状就会改观。首先，较好的咨访关系建立后，咨询师先运用空椅子技术，让来访者小李向空椅子进行倾诉，表达自己对空椅子所代表的外婆的情感。在空椅子对话中，咨询师提到如果现在空椅子上是他的外婆，外婆对自己最大的心愿是什么？小李思考后回答："跟党走，做一名合格的战士。"眼泪的流出、情绪的宣泄、外婆的答复，使小李的情感得以舒缓。当小李倾诉后，情绪平静了许多。其次，根据森田疗法的理论，小李目前人际关系的烦恼是"精神交互作用"的体现。具体到小李身上，可以这样解释：在平时的工作和训练中，实际上每个人都会有自己的烦恼，每个人都会有自己的精神寄托，它是一直存在的。平时这些感受不影响自己的生活，一旦一个人把生活所有的关注点都放到了精神寄托上，而一旦这个寄托不在了，他就会变得焦躁、抑郁。生老病死非人力所能掌控，与其不敢面对现状，不如接受现有情况，放弃神经质的抵抗症状立场，认识到事物不以自己的主观愿望为转移，顺其自然接受现状，依照外婆的意愿好好地生活下去。再次，在小李心里，外婆代替了妈妈，外婆是完美的，他把工作的一切动力来源都放在了以后可以好好照顾外婆上面。咨询师正确引导小李的想法，接受他现有的固化思维，联系单位，准许小李再次回家探亲，让他见到外婆的真正去处，接受现实，并建议让他的弟弟妹妹常跟小李联系，帮助他找回重新好好工作的意义。鼓励小李承担生活中应承担的责任。

3. 咨询后期

巩固前期治疗效果，使来访者进一步深入理解潜意识的功能。评估咨询效果，教会来访者在今后生活中遇到问题时如何理解和分析，以及如何处理分离焦虑。

效果评估

（1）来访者自我评估：感觉经过再次回家，近两个月的工作中每一次的训练越来越有动力，在与弟弟妹妹的沟通中，找到了今后改变和成长的方向，收获很大。以后需要时，还想继续寻求咨询。

（2）来访者领导的评估：小李恢复了以往的状态，工作训练都很积极，还会跟室友们讲一些外婆的故事。我们都在积极关注，他也不再跟身边人乱发脾气了。

（3）咨询师的评估：来访者年纪轻，内省力较好，咨询过程比较顺利，已完全接纳了外婆去世的事实，咨询效果也比较明显。咨询结束时，SCL-90测评结果显示：焦虑因子1.21分、抑郁因子1.17分、人际关系敏感因子1.17分。测评结果正常。每晚睡眠8小时，未再出现过那个让他担心恐惧的梦。他坚信远在天堂的外婆一定希望自己当一名优秀的战士。咨询1个月后，再没有因身体原因影响工作和训练，社会功能得到恢复。

参考文献

［1］高良武久. 森田心理疗法实践：顺应自然的人生学［M］. 康成俊，商斌，译. 北京：人民卫生出版社，1989.

［2］陈香，张日昇. 俄狄甫斯情结与古典精神分析诸理论关系探微［J］. 齐鲁学刊，2011（2）.

［3］钱铭怡. 心理咨询与心理治疗［M］. 3 版. 北京：北京大学出版社，2017.

［4］施旺红. 战胜自己：顺其自然的森田疗法［M］. 3 版. 西安：第四军医大学出版社，2015.

第三章

管理引发的心理问题

梦游的快递员

个案介绍

小邓，男，23 岁，一年前开始在某快递公司当快递员。今年 2 月上旬的一天，小邓半夜 1 点被冻醒，发现自己在住宿楼外面，却不知道自己是如何到室外的。这种情况 4 月中旬又发生了一次，夜里 12 点，他在睡觉的过程中起床穿衣往大门外走，正好遇到了一位同事，同事问他干什么去，小邓却无反应，目光呆滞，表现茫然，清醒后对发生的事情毫不知情。小邓以往身体健康，无抽搐及头部外伤病史，在驻地医院行头颅 CT 检查、脑电图检查及血液常规及生化检查，均未见异常。家族里无类似病史。

主诉

小邓自诉梦游这种情况自己之前没有发生过，就是在当快递员之后才有的。因为这两次梦游的经历，这 3 个月以来自己不敢睡觉，怕睡梦中再出现类似的情况，常常挨到夜里 11 点半甚至 12 点才睡。自己觉得平时工作中送件压力很大，总是在担心做不好工作挨批评。这让自己很苦恼。家族中无类似病史。

成长经历

父母从小邓 2 岁起一直在外地打工，有时候小邓也会想父母，但是去看他们的时候，被批评教训的多，关心理解的少。他在奶奶家待到 9 岁以后才回到自己家，初中、高中时期均住校，和父母的沟通就更少了。高中毕业后，小邓开始外出打工。一年前开始从事快递员工作。

经历的重要事件

（1）小邓的妈妈性格急，常常和别人争论。小邓不愿和妈妈沟通，因为妈妈常常骂人。有时他和妈妈通电话，不超过三句就会吵起来，也没有什么特别的事情，但就会争起来。小邓曾经去爸爸妈妈打工的城市看他们，前两天还好些，时间一长，妈妈常常拿小邓和别人比：和堂哥比，和别人家的孩子比，所以小邓都不愿和妈妈讲话，没过多久他就离开了。小邓和爸爸关系略微好一些。

（2）打工期间人际交往比较少，与人的关系略显紧张，曾经有与别人打架的情况。起冲突的原因都是他和别人意见不一致，吵起来，控制不住自己的情绪就打起来，还好没有造成比较严重的后果。

（3）小邓刚过来当快递员时工作还算顺利，比较勤奋。但是单位领导 A 脾气比较暴躁，常常批评、责骂他。领导 A 说话总是特别难听，小邓常处于紧张恐惧之中。他喜欢单位另外一个领导 B，领导 B 很有修养，给他安排任务都和声细语，很关心、照顾他。虽然对 A 有很多不满，但因为刚入职，作为新人敢怒不敢言，加上工作压力大，出错了就会被扣钱，小邓每天忧心忡忡。

（4）小邓在前几年特别有创业理想，想要拼搏奋斗，成就一番事业。现在就业不太容易，他期盼过平淡的日子，有份普通的工作，有差不多的收入，将来能养活妻子和孩子就满足了。但是当快递员也不是长久之计，他也很纠结，很迷茫，感觉进退两难，不知道将来能干点什么。

问题评估

小邓最近两个月出现两次夜间睡眠时起床活动的情况，对发作经过不能回忆。诊断为睡行症（梦游症），焦虑状态。症状自评量表（SCL-90）测评结果显示：总分346分、阳性项目数68个、焦虑因子3.2分、敌对因子3.0分、人际关系敏感因子2.6分。他的症状与工作环境压力大有关，时常焦虑不安，伴恐惧情绪。艾森克人格问卷（EPQ）：内外向（E）73.4分，神经质（N）68.4分，精神质（P）42.6分，社会掩饰性（L）36.5分。性格特点为外向不稳定型。

咨询方法及设置

咨询师和小邓商定后，决定运用焦点解决短期疗法。咨询设置暂定为每周1次，每次50分钟。如有变化随时调整。

咨询目标

焦点解决短期咨询目标是解决小邓的焦虑状态，不再发生梦游情况。强调解决小邓目前的困扰是问题的重点，不去以潜意识的观点来臆测和诠释小邓，也不花时间探讨问题根源。通过问题式谈话，让小邓自己产生觉察，为自己赋能，解决问题。

咨询过程

1. 首次咨询

咨询师经过初次访谈，取得了小邓的信任，建立了咨访关系，并利用例外问句和奇迹问句了解了小邓面临的问题以及希望达到的目标。小邓希望单位领导 A 不再责难自己，希望自己不再总是处于担心紧张的状态。咨询师启发他："当单位领导 A 没有改变时，你会怎么做？""如果不发生梦游的情况，你的感受有什么不同？""什么情况下不担心挨批评？有什么好的经验？"小邓谈到不当快递员就不用总担心挨批评，做事细心妥帖就会得到认可，并且越是紧张越容易忘事或把事情搞砸，招致批评。咨询师又问道："对你目前的担心紧张进行评分，最高分是 10 分，最低分是 1 分，你现在的程度是几分？"小邓评估是 8 分。咨询结束前咨询师给予小邓回馈，赞美他做事认真细致，个人卫生习惯好，工作勤奋努力，被大家认可，并且善良有道义，知恩图报，考虑他人感受，给予他心理支持。咨询师启发小邓，想要改善目前的状态，可以借助身边的资源来帮助自己。

2. 第 2 次咨询

首次咨询后一周，小邓没有再发生梦游的情况，但还是控制不住自己的紧张焦虑。咨询师启发他："这一周里你做了什么让情况没有发生？"小邓说好像自己多了一些自信，追踪问他："哪些事情让你觉得更自信了，能详细说说吗？"让小邓在自我肯定中停留得久一点。"如果不那么担心紧张的话，日常生活工作会有何区别？我如何帮助你完成这个目标？"小邓说目前没有勇气跟领导说，会回去试试其他办法，找同事小赵寻求帮助。咨询师采用评量问句："目标是自己面对单位领导 A 不担心紧张，达到这个目标的程度从 0 到 10 分，你现在是什么位置？"小邓说目前是 2 分。咨询师又启发一小步："你能做一点什么，使达到目标的程度增加 1 分，达到 3 分？"小邓回答："当我进入领导 A 的房间时，我深呼吸两次再打报告，可能会使达到目标的程度增加 1 分。"小邓决心回去试试看。咨询师回馈小邓，如果有信任的、可以求助的同事或者好朋友，可以请他们帮助他找到放松的办法。鼓励他试试看，观察会有什么情况发生。小邓入睡困难的情况有所改善，10 点半到 11 点就能入睡。

3. 第 3 次咨询

此次咨询，小邓回馈，在同事小赵的鼓励下，他找到单位领导 B 谈了自己的现状和内心的纠结，领导 B 给了小邓很多宽慰，并计划给小邓调休几天。咨询师询问道："当你调休后，你不再处于紧张焦虑的状态，你一天的生活是怎样的？能详细说说吗？""如果心态平和是 10 分，担心紧张是 1 分，那时你的状态打几分？""两个月后的你是什么样子，在做些什么？和现在有什么不同？"小邓讲到会更好地与周围人相处，会和老同学聊聊工作情况，看有没有机会找到更好的工作。咨询师回馈赞美小邓的积极心态和长远考虑，对他能鼓起勇气和领导 B 沟通的行为表示赞赏，小邓对结果也很满意。

4. 末次咨询

小邓开始计划到一个加工厂上班，不再担任快递员了，对未来充满期待，心情也好了很多。他在咨询期间没有发生梦游的情况，现在的日常担心紧张程度的评分是 3 分，主要是已经习惯了平时工作的压力和紧张状态。咨询师祝贺小邓因为自己的努力和勇气达到了自己的目标，希望他以后能够工作稳定，早日实现成家立业的愿望。

效果评估

（1）来访者自我评估：从开始咨询后的 3 个月内未发生梦游的情况，紧张担心的情绪也缓解了很多。入睡及睡眠时间正常，对未来生活充满信心和期待。

（2）咨询师的评估：小邓觉察力较好，咨询过程比较顺利，效果也比较明显。咨询结束时，焦虑自评量表（SAS）52 分，症状自评量表（SCL-90）测评结果显示：总分 180 分、阳性项目数 48 个、焦虑因子 1.8 分、敌对因子 1.6 分、人际关系敏感因子 1.3 分。

参考文献

［1］全国卫生专业技术资格考试用书编写专家委员会. 心理治疗学［M］. 北京：人民卫生出版社，2017.

［2］沙泽尔，多兰，科尔曼，等. 超越奇迹：焦点解决短期治疗［M］. 雷秀雅，刘愫，杨振，译. 重庆：重庆大学出版社，2015.

［3］王长虹，丛中. 临床心理治疗学［M］. 北京：人民军医出版社，2004.

［4］许维素. 建构解决之道：焦点解决短期治疗［M］. 宁波：宁波出版社，2013.

反复住院的中学老师

个案介绍

小齐，男，29 岁，某中学老师，未婚，中等身材，衣着干净整洁，之前分别因为湿疹、肺炎、眩晕等反复住过院，这次又因为腰椎间盘突出住院。小齐觉得自己干什么都想往后退，尤其做选择很困难，交往过的两个女朋友都说自己小气，最后都分手了，对此小齐感觉很委屈。小齐所在的学校扩建并且重新整合，他来到了新校区工作。新的环境和人际关系都让小齐觉得很压抑，湿疹也加重了，做事情要反复确认，很难做出决定，很苦恼。住院期间得知医院有心理门诊而前来咨询。

主诉

小齐说，自己现在身体和心理上都很难受，湿疹一直困扰着自己，并且自己也知道这一定跟情绪有关，因为"情绪好的时候，不用药，自己就好了"。可是自己不知道该怎样调节情绪，现在好像还越来越糟糕了。小齐觉得现在的自己很多事情都做不好，做完的事情要反复检查，还是不满意。即使别人说自己做得好，自己也觉得别人背后肯定会说自己做得不好。小齐说没人理解他，还有人说他矫情，很多话憋在心里很久了，不知道该跟谁说，也不敢跟别人说，怕别人笑话自己。

成长经历

小齐出生在农村，家庭环境不错。小齐还有两个姐姐，从小姐姐就对他特别照顾，两个姐姐都是在爸爸妈妈身边长大的。爸爸是镇里的干部，工作忙，有时还要下乡，所以大多数时候是妈妈在照顾家。妈妈是村里的老师，爱操心，遇到事情想得比较多，对小齐要求十分严格，很少表扬他。由于妈妈的严厉，曾经有一年的时间小齐在家里也叫妈妈老师。可能是因为自己最小，性格又比较温和，妈妈更多时候会把他带在身边，有时候也向他发发牢骚，他总是会安慰妈妈。现在妈妈总是说，小时候管他管得最多，现在反倒是两个姐姐比他更出息。小齐听出了妈妈的言语中还是有责怪自己的意思，认为是自己辜负了妈妈。

经历的重要事件

小齐大学毕业后刚入职当老师，工作很努力。领导让干啥就干啥，啥都不用想，苦点累点也没关系。后来因为做事情认真，不怕苦不怕累，恰巧遇到一名班主任休产假，小齐便开始代理班主任。可是，这个代理班主任还没干几天，小齐反倒开始"累"了起来，"正好"在这时查出了鼻中隔偏曲，住了几天院，自我感觉特别好，不用操心单位的事儿，每天遵医嘱治疗就行了。这算是一种解脱，病好后就出院了。

学校扩建，小齐来到新校区工作，身边少了熟悉的同事，来了很多陌生老师。新领导看小齐工作能力比较强，人又踏实肯干，就让他承担了一些学科组管理任务。但是，刚刚进入角色不久，小齐就晕倒了……这次住院什么都没有查出来，住了几天就出院了。回到单位，小齐不再负责学科组工作任务，而是协助其他人完成该任务。由于这项任务完成得出色，接替小齐岗位的那位老师年底受到表彰，小齐心里很别扭，觉得这个表彰原本应该是属于自己的。现在小齐做事情总是想做得完美无缺，生怕自己做得不好被别人说。做选择也很困难，总怕自己选的不是最好的那个选项。有一次到书店，想买一本计算机类的书，他在两本书之间犹豫不决，最后空耗了好长时间，只好两手空空回去了。最糟糕的是回单位时因堵车迟到，被点名批评。小齐说，这种反复比较的毛病，让他很苦恼，就是反复比较权衡了很久，也没结果。在比较中，就会失去很多本来的东西，想做的事情也没做成，过后又会感到遗憾，会懊恼好几天。其实工资也还可以，家里经济情况挺好的，想想又不是花不起这个钱，这种纠结感觉太难受了。

问题评估

本案例依据心理问题诊断标准，属于严重心理问题，并且伴有躯体化表现。无论是遇到压力生病住院，还是情绪不好的时候长湿疹，似乎都是在逃避或者给自己形成一个"盔甲"来保护不够自信的自己。选择困难和反复确认也体现了小齐的不自信。小齐的心理障碍与他追求完美等性格特质有关，而性格是在成长过程中逐渐形成的，因此，要消除由这种不良性格引起的症状，也需要一个长期的过程。小齐的糟糕情绪还来自自己的不合理认知。主观推断、过度概括、夸大和缩小等不合理认知，也经常出现在小齐的生活里，并严重影响了他的情绪状态。

咨询方法及设置

因为小齐出院后复诊难度较大，咨询师决定用认知行为疗法进行短程的阶段性治疗，时间设定为每周 1 次，每次 50 分钟。出院后每两周 1 次，每次 50 分钟。

咨询目标

帮助小齐识别不合理认知，在出现不合理认知时能够自我觉察，然后开始一种新的内部对话。用这种方法建立新的认知，来代替原来的不合理认知，最后通过留家庭作业来巩固这种新的思维模式，使小齐内心获得成长，逐渐改变之前的思维模式。

咨询过程

1. 早期咨询（4 次咨询）

本阶段以收集资料建立咨访关系为主。应该说与小齐建立一个良好的咨访关系很艰难。尽管咨询师给予小齐所有的情绪和谈话接纳、共情及无条件的积极关注，小齐仍然表现得小心翼翼。当咨询师与小齐讨论这个情况时，小齐笑着说，好像还是怕咨询师觉得自己哪里做得或说得不好。咨询师再次向小齐强调，在咨询室是安全的，咨询师会接纳他的任何一种情绪，因为任何一种情绪都是心灵的使者，都应该被珍视和善待，如果觉得咨询师哪里做得不好，也可以表达出来，咨询师会认真地去考虑和改正。

2. 咨询中期（8 次咨询）

本阶段工作的主要内容是继续巩固咨访关系，处理阻抗，识别自己的不合理认知，并逐渐改变之前的思维模式。在第 5 次咨询时，咨询师问这一周感觉怎么样，小齐回答咨询师"还是那样"，没有什么改变，好像没什么作用，很苦恼。咨询师表示很高兴他可以如实地表达他的想法，可以继续共同努力。小齐听咨询师这样说，愣了一下突然笑了，觉得表达出来很轻松，并且在本次访谈中说了很多自己觉得"不积极，不高尚"的想法。在第 6 次咨询时咨询师认为，一个安全的咨访关系已经搭建，在本次咨询中咨询师与小齐进行了个案概念化，与小齐讨论了他的不合理认知的核心信念是"别人都是挑剔的，我总是做得没有别人好"，并讨论了有关犯错误的可能性及其代价，以及因犯错误之后会被指责和拒绝而产生的恐惧。咨询到最后，咨询师给小齐留了家庭作业，让小齐在遇到需要决定或情绪不好的情况时分析自己的核心信念、中间信念及自动化思维，并记录下来。但是在第 7 次咨询的时候，小齐说，本周内没有遇到需要做决定的事情，也没有遇到情绪不好的时候，所以并没有完成作业。咨询师意识到了小齐的阻抗，放慢了咨询的脚步，重新和小齐一起巩固咨访关系，并和小齐一起讨论"我很确定，我做得不如别人吗？""被别人挑剔了，会发生我无法承担的后果吗？"等。这一次留的家庭作业是故意说错一句话或做错一件小事，看看同屋的病友会有什么反应。第 10 次咨询的时候，小齐的家庭作业完成得很好，并得到了很多正向的回应，小齐表示现在内心很轻松。这次咨询中小齐继续认知重建及检查核心信念。第 11—12 次咨询继续使用认知行为策略来挑战不合理信念，并改变问题行为，帮助小齐内化这些新的信念和行为。

3. 咨询后期（4 次咨询）

本阶段主要和小齐一起回顾治疗，并做出评估，进而总结小齐在治疗中所学到的东西以及如何在以后的生活中利用学到的技能自助，帮助小齐为治疗结束做准备，处理离别情绪。

效果评估

（1）小齐的自我评估：觉得自己理清了思路，也找到了应对不良情绪的方法，对以后的生活充满了信心。

（2）住院科室评估：和小齐接触的医护人员反映小齐脸上的笑容比以前多了，并且爱聊天了，状态不再像以前那么拘谨和紧绷。

（3）咨询师评估：小齐的领悟力较好，咨询过程顺利。小齐能够运用习得的新思维进行生活，在以后的生活中要注意防止反复。

参考文献

［1］韦斯特布鲁克，肯纳利，柯克. 认知行为疗法：技术与应用［M］. 方双虎，等译. 北京：中国人民大学出版社，2014.

［2］黄爱国. 强迫症心理疏导治疗［M］. 北京：人民卫生出版社，2011.

［3］谢慧敏. 神经症短程系统疗法［M］. 北京：科学技术文献出版社，2018.

升职的经理

个案介绍

小王，男，28岁，某公司部门经理。他从一名普通职员突然被提升为某小县城市场部经理，自己都没有想到。任经理半年来，因工作头绪多、压力大、任务繁重，加上工作所在地偏远，生活不便，感觉生活没意思，出现情绪低落、郁闷、身体疲倦等症状。开始还没当回事儿，后来这种感觉越来越严重，觉得需要进行心理调适，于是前来咨询。

主诉

来访者自诉性格偏内向，不爱说话。这半年来更是情绪低落，看事情总是看到消极的一面；以前感兴趣的，现在都不感兴趣，心情郁闷。遇到不高兴的事儿，自己心里难受，但不愿意和家人、朋友诉说。自己是部门经理，环境陌生，有时候又不愿意和大家在一起，喜欢自己待着。每天失眠，常常是半夜一两点才入睡，早晨四五点醒了又睡不着，非常痛苦。吃饭没有胃口，吃得也很少，现在体重下降了近20斤。最近还总是爱忘事儿，好几次接到上级的重要通知以及需要安排的任务，都忘了布置和传达。列个工作计划或写个总结比以前慢很多，以前写一个工作汇报一个小时就能搞定，现在三四个小时也写不出来，觉得自己很无能，心情烦躁时看谁都不顺眼……有时候会有头晕、头痛和胸闷的症状。自己有些担心，去做了体检，也没发现什么大问题。

成长经历

来访者生长在城市，是家里的独生子，父母均为公务员，家庭条件良好。母亲属多愁善感的性格。本人学业一直优异，成长顺利，大学毕业后就在这家公司上班，大约半年前升职为部门经理。其女朋友为教师，两人感情稳定。

经历的重要事件

（1）半年前，履职部门经理以后，不知为什么，就是不想与别人接触。与同事关系疏远，来访者内心比较孤独。来访者认为自己以前也不是这个样子。从内心讲，自己是个责任心很强的人，总是想把工作干好，觉得不能让别人看不起。可当看到自己的部门绩效考核成绩排名靠后时，就很自责、内疚，无形中又给自己增加了压力。

（2）来访者脑子里经常会冒出一些十分恐怖的念头，比如说看到关于车祸事故的报道，就担心自己的同事或者家人发生车祸事故，想事情总是往坏处想，而且越想越难受，但是控制不了这种想法。脑子里常常盘旋这种想法，常常想得夜不能寐。

（3）来访者最难受的时候有过自杀的想法，但是没有实施。觉得父母辛苦养育自己这么多年，还没有报答他们，不能让他们痛苦难过，所以放弃了这个念头。

（4）为了打发时间和保持活力，来访者能坚持在晚上跑跑步，每次跑个1~2公里，跑完之后身体会舒服一点，心情也会好一点。以前一周能打2~3次篮球，最近几个月都没有打过球。

问题评估

本案例属于因环境适应问题引发的抑郁状态，并伴有头晕、头痛、胸闷、食欲下降、入睡困难等躯体症状，社会功能受损。来访者从一名普通职员升职为部门经理，让他有点措手不及，对角色定位有偏差，内心是不适应的。作为新任经理,很多工作不熟悉,无论是心理还是生理上,还适应不了现任工作的要求,因而产生严重的心理落差感,使得他在近半年来倍感工作压力,从而出现了情绪低落、思维迟缓、兴趣缺乏和意志减退等抑郁的症状,并且伴有孤独、愉悦感减退、内疚、悲观自责,不愿和周围同事过多接触,甚至有结束生命的想法。这种症状持续近半年。症状自评量表(SCL-90)测评结果显示:抑郁因子 3.4 分、焦虑因子 2.8 分、躯体化因子 3.4 分。抑郁自评量表(SDS)测评结果显示重度抑郁。根据病史、体格检查、临床表现、诊断标准、严重标准及病程标准,并结合其性格内向及环境适应性不良等,医院诊断为抑郁状态(抑郁性神经症)。

咨询方法及设置

咨询师综合分析后,决定在药物治疗基础上辅以整合式短程心理咨询方法进行治疗。整合式治疗是指基于生物-心理-社会模式的整合式治疗。以来访者为中心的整合式治疗,既包括心理学不同流派之间的整合,又包括生物与心理的整合,即心理咨询与药物治疗、运动疗法等方法的整合。主要采用短程认知行为疗法和焦点解决短期治疗。

因为来访者悟性好,心智水平高,加上是主动求助,根据工作的具体情况与其商定后,决定咨询设置为每周 1 次,每次 50 分钟。咨询方式为面询。

咨询目标

咨询目标是短期内解决抑郁情绪和生理症状,能正常工作,恢复社会功能。长期目标是帮助来访者认识症状背后的原因,逐渐提升其应对困难和适应环境的能力,从而达到增强意志品质,促进自我成长的目的。

咨询过程

1. 早期阶段(2 次咨询)

此阶段主要是收集资料、建立咨访关系、和来访者讨论治疗目标,以接纳、共情、积极关注的态度为来访者解决问题。来访者有非常强的内省力，在初期就建立了较好的咨访关系。

根据来访者的具体情况，首先帮助他理解抑郁症状的产生与遗传、性格及社会环境因素的关系，并解释抑郁状态时，大脑中神经递质会减少，所以要配合药物治疗才会有较好效果的道理，增强其服药治疗的自觉性。其次明确咨询目标是改变目前的低落状态，减轻身体症状，饮食、睡眠恢复正常。嘱咐来访者坚持每天身体锻炼和跑步，可以慢跑或快走。并给来访者布置作业：每天晚上给自己的情绪状态打分，心情非常好是 10 分，情绪低落是 1 分，你当天的情绪是几分？并记录当天经历了什么事情，至少要坚持记录 1 个月。对当下进行心境评估，用 1～10 分评定心境程度，来访者当前的状况评估为 3 分。

2. 咨询中期（6 次咨询）

从以下几个方面对其进行抑郁情绪的调节：一是帮助来访者建立自信，找出内在的引起抑郁的原因，如无自信心、自己没价值等。二是改变思想，尽量将消极的思维模式转变为积极的思维模式，如到县城工作，虽然条件艰苦，却是一个锻炼人的机会。乐观的人永远怀有希望，悲观的人总说没有希望。思维模式的不同，可以决定一个人对人生"苦难"积极或消极的响应。三是肯定自己的价值，不要因为一次的创伤或失败就全盘否定自己，要了解失败与成功的含义，对人生永远保持热情和昂扬的斗志。四是要积极寻求协助和辅导，引导来访者勇于面对自己的困境，主动寻求帮助。五是获得团体支持，引导来访者积极参与集体活动，通过与同事交流等方式积极倾诉，缓解内心的痛苦。

每次咨询首先了解来访者一周以来的状态和心境，对当前的心境进行评分。根据上次会谈内容继续深入讨论。来访者谈到"部门管理压力无法应对""我不能做好日常工作""我的病情好不了"的自动化思维，引出"我是无能的""我是无力承担这个工作的"核心信仰，并一起分析他的情绪日记，找出其产生自动化思维的规律，对评分表中 5 分以下和 5 分以上的时候分别做了什么逐个分析，然后再调整每日的做法，以客观中立的态度分析来访者行为的优缺点。第 6 次咨询后，来访者进行心境评估，达到 5 分，睡眠有改善，11 点入睡，五六点起床，每日有效睡眠将近 7 小时，夜间不再多次醒来。停用劳拉西泮，继续服用舍曲林，剂量同前。

3. 咨询后期（2次咨询）

巩固前期治疗效果，来访者进行心境评估，达到 6～7 分，能接纳当前的工作环境和承担的工作内容，能和父母、女友倾诉沟通。建议继续服用舍曲林，根据情况减量或停药，对心理咨询有需求时可复诊。

效果评估

（1）来访者自我评估：情绪大部分维持在平和状态，能完成日常工作任务，饮食、睡眠都有明显好转，基本恢复正常。

（2）咨询师的评估：来访者执行力非常好，两个月来一直坚持写情绪日记，积极地进行正念练习，并坚持锻炼身体，抑郁症状改善非常明显。咨询结束时，症状自评量表（SCL-90）测评结果显示：抑郁因子 1.6 分、焦虑因子 1.2 分、人际关系敏感因子 1.4 分、躯体化因子 1.8 分。抑郁自评量表（SDS）测评结果正常。

参考文献

［1］张道龙. 整合式短程心理咨询［M］. 北京：北京大学出版社，2013.

［2］王长虹，丛中. 临床心理治疗学［M］. 北京：人民军医出版社，2004.

［3］全国卫生专业技术资格考试用书编写专家委员会. 心理治疗学［M］. 北京：人民卫生出版社，2017.

［4］杨凤池，张曼华，刘传新. 咨询心理学［M］. 2 版. 北京：人民卫生出版社，2013.

反复检查的高中生

个案介绍

小李，女，17岁，某校高中生。她因各种不必要的担心感到苦恼。最开始，老师发现她上课时心不在焉，嘴里一直念念有词。据同学反映，她穿衣服的时候能来回重复好几次，穿了脱，脱了穿。有时候因为时间来不及，就干脆不穿内衣，只穿一件外套上课。老师和家长都觉得她不对劲，送其到精神专科医院检查，诊断为强迫症。经半个月住院治疗后，回学校继续药物治疗，并接受心理咨询。心理咨询师通过问诊发现，除了有强迫计数，小李还恐惧门、线条，不敢开门，不敢越过画好的线条，害怕会有不好的事情发生。药物与咨询两个月，小李母亲对治疗效果不满意，转诊至我院，并希望能去更大的医院进行系统性治疗。

主诉

小李自述初中起就有很多担忧和焦虑，比如担心自己回答不好问题，担心手没洗干净，感觉学习压力大、管理严格，不习惯，总担心自己做不好，会受到批评。一开始是学习时过度紧张，又容易上课走神，听课时感觉都听不清，回答问题总是答非所问，常常惹得同学哄堂大笑，自己羞得无地自容。

成长经历

小李出生在某偏远农村，父母是农民，在小李刚记事时就出去打工了，小李由奶奶抚养长大。小时候有小朋友说小李的爸爸妈妈不要她了，她也感觉是由于自己做了不好的事情，父母才离开的。小李跟奶奶关系很好，跟父母关系很淡，虽不恨他们，但总感觉没有太多的亲密感。奶奶在她上高一的时候去世，她有一段时间情绪很低落，自我封闭，不想理人。奶奶去世后，小李与妈妈一起生活。妈妈是个很固执的人，又爱一惊一乍，缺乏安全感。小李感觉自己也受到妈妈的影响，总觉得会有不好的事情发生，除非自己能做些什么，才能消解。比如走路的时候遇到电线杆都要摸一下，感觉这样就能避祸；丢过一次生活费，从此以后，需要经常把钱拿出来数一数；下楼梯的时候崴过脚，从此下楼梯都要数台阶数。高一的时候有所缓解。到了高三，因为学校管理严格和学习压力大，小李很焦虑，症状就又回来了。

经历的重要事件

高二时，有一次上课小李发现自己衣服穿反了，裤腿一个高一个低，为此受到老师的批评，同学们也都笑话她，从此小李就特别担心自己衣服没穿好，总会很关注自己的穿衣打扮，穿衣服也是穿了脱、脱了穿，反复多次才感觉焦虑有所缓解，导致速度很慢、效率低下。上课时，小李总是担心自己走神，害怕被老师提问，她发现这个时候如果默念"柜子、柜子、床、电视机"，同时计数，焦虑感就会大幅度降低。从此，只要感觉不对，她就默念"柜子、柜子、床、电视机"，同时计数。这种情况反复出现，虽然她也想控制自己不要这么做，但越控制，焦虑与恐惧感就越来越严重。直到她默念和计数完成后，情绪才能缓解一些。

问题评估

症状：小李的主要症状包括反复计数，强迫性穿衣脱衣，对于强迫性的动作或观念很抗拒，但又不得不做，做后感觉轻松一点。有明显的回避行为，如避免触碰门、线条，入睡困难，易醒多梦，睡后不解乏，总有大祸临头感，人际回避明显，社会功能受损，影响正常的学习生活。心理测查：SDS 标准分 58 分，SAS 标准分 60 分；SCL-90 总分 218 分，强迫因子 3.5 分；明尼苏达多项人格量表结果前高后低。

诊断：考虑到小李自知力、定向力良好，应答切题，无明显幻觉妄想，排除精神病性问题。症状持续时间超过 3 个月，心理冲突有变形，有强迫行为和意象，考虑为强迫症。

咨询方法及设置

小李症状持续时间较长，痛苦感明显，社会功能受损严重，结合精神科意见，通过与小李及其母亲沟通，采用药物治疗与心理治疗。心理治疗前两周通过面对面方式进行，一周 2 次。为不影响小李在校学习，之后一周 1 次，采用电话咨询的方式。对于失眠，采用药物结合认知行为治疗，咨询整体运用 ACT（接纳承诺疗法）与 CBT（贝克认知行为疗法）。每次 1 个小时。

咨询目标

（1）接纳强迫症状，慢慢消除强迫观念、意象与行为；
（2）心理冲突自洽，焦虑、担忧的情绪平复（临床心理测查无阳性因子或评分显著降低）；
（3）社会功能恢复。

咨询过程

1. 治疗初期（第 1—2 次咨询）
收集资料，建立咨访关系，评估症状与诊断，约定治疗流程与方式。熟悉 ACT 与 CBT 的治疗过程。

2. 治疗维持期（第 3—7 次咨询）
症状检查，通过量表与情绪量化评估小李上周的情绪状况，典型提问如："上一周你的情绪怎么样，如果给这个情绪打分，你会打几分？当你有这个情绪的时候，你在想些什么呢？有没有记录在自动化思维监测表上面？"小李一开始报告最多的情绪是焦虑与恐慌，评分在 7～10 分之间。出现最多的自动化思维是"我

83

什么都做不好，必须反复检查，反复做才能不犯错，所有人都在看我的笑话，我完了"。对这些观念的确信程度达90%以上。

正念呼吸练习，每次15分钟，早中晚各一次。通过接纳、关注当下、认知解离、以己为景来去掉反强迫以松解强迫的动力，暂时与强迫意象观念抽离，学会在学习生活中与强迫症状相处，把情绪与观念进行分离。建立现实感，缓解焦虑、恐慌情绪。

通过让小李举正反的证据证明这些观念，来发现观念里面的不合理成分；通过可能性提问："如果不好的事情会发生，最坏会怎样？如果最坏的情况出现，我们能做些什么？最好会怎样？最可能会怎样？"缓解其非理性情绪。小李说最坏的可能就是考不上大学，自己会得神经病。但考不上大学还可以做别的，生了病也可以去治疗，生活仍有希望。通过思维发散提问，对目前的困境寻找更多元的解释。强迫跟很多因素有关——遗传、成长环境、应激等，小李慢慢领悟到，受到老师批评与同学笑话虽然很糟糕，但不会摧毁自己的生活。不是因为自己是个问题人，而是个人遇到了问题。解决问题后，自己又能正常生活。

治疗持续两个月，仍在继续。

效果评估

（1）临床测查：SDS标准分49分，SAS标准分56分，SCL-90总分178分，强迫因子2.3分。

（2）自我评估：经过两个月的咨询，感觉自己的强迫症状有所缓解，计数减少了，也能自己开门了，更重要的是能接受自己的现状——一个有强迫症的普通人，正在积极接受治疗，即使强迫症一辈子好不了，也会把注意力放在有强迫症的情况下，怎么让生活变得更好。通过寻找自己的核心信念，发现"自己觉得世界是不安全的""自己是无能的"这些想法有所松动，觉得自己还是挺有信心的。

（3）咨询师评估：强迫症属于难治性神经症。森田疗法中的"顺其自然，为所当为"对于理解强迫症有帮助。接纳承诺疗法的内核与森田疗法相似，而且有很强的操作性。咨询前期使用接纳承诺疗法帮助来访者接纳强迫症状，学会让强迫症状尽可能少地影响生活。来访者能够领悟，并逐渐学会与强迫相处，这是改善的基础。通过认知行为治疗，来访者失眠情况改善明显，基本能保证 7 小时以上睡眠。目前强迫行为、意象都明显降低，慢慢能投入学习生活中。

参考文献

［1］BECK J S. 认知疗法基础与应用［M］. 2 版. 张怡，孙凌，王辰怡，等译. 北京：中国轻工业出版社，2013.

［2］BECK J S. 认知疗法进阶与挑战［M］. 陶璇，唐谭，李毅飞，等译. 北京：中国轻工业出版社，2014.

［3］哈里斯. ACT 就这么简单：接纳承诺疗法简明实操手册［M］. 祝卓宏，张婍，曹慧，等译. 北京：机械工业出版社，2016.

［4］卡巴金. 正念：此刻是一枝花［M］. 王俊兰，译. 北京：机械工业出版社，2015.

第四章

情感婚姻引发的心理问题

"美丽的妻子，你能原谅我吗？"

个案介绍

程潇，男，31 岁，是某单位的业务骨干。他业务好，能力强，工作标准高，业务上一直都在单位名列前茅，深得领导重视，工作第一年就入了党，当上了组长。在单位人缘也不错，组内成员都对他很信服，他所带的团队各项活动都走在前面，他本人也年年被评为"优秀"。半年前，因为工作需要，程潇被派到 A 城，在这期间，去洗浴中心洗澡后他怀疑自己得了艾滋病，这让他无比后悔、自责、痛苦不堪。最近 3 个月开始出现头痛、胸闷等症状，并且反复求医，辗转各个科室，最终在医生的建议下来寻求心理咨询。

主诉

程潇说："3 个月前因单位的浴池维修，我和同事到单位附近的洗浴中心洗澡。以前都是在自己单位的浴池洗澡，从来没去过洗浴中心。要不是单位的浴池坏了，我是不会去外面洗澡的。不去外面洗澡，我就不会得病了。"他曾经听人说，有人在洗浴中心洗澡之后染上艾滋病，这让他非常害怕。他也知道艾滋病是通过性传播，在公共浴池洗澡一般不会感染，但仍然怀疑自己得了艾滋病，为此反复抽血化验，几乎走遍了 A 城所有的医院。虽然每次化验结果都是阴性的，医生也说可以不用再查了，但不知为什么，他总是控制不住地担心，每周都要抽血化验。更令他焦虑不安的是，他有个非常美满的家庭，家中有美丽的妻子和可爱的孩子，一想到如果得了艾滋病，这个家就毁了，越想越害怕，越想越糟糕，甚至在梦中梦到被妻子误解，妻子说什么也不肯相信自己，带着孩子离开他的情景。近两周开始，又出现注意力不集中、失眠等症状。尤其是每到要去医院检查的头两天，夜里辗转反侧，难以入睡。程潇在 A 城的工作也因此受到影响。通过电话预约咨询时，当得知还需要等待几天才能够安排上咨询，他跟预约的护士说："等待的日子太煎熬了，我快要崩溃了。"表现出极度紧张焦虑的情绪。

成长经历

程潇从小时候起就是同龄人眼中的"别人家的孩子"，不仅长得帅气，而且学习成绩优异，还特别听话懂事，但这一切的背后少不了母亲的严厉管教。在程潇的记忆里，父母之间的感情不好，过着貌合神离的日子。父亲长年在外做生意，很少回家，他跟着母亲生活。母亲很要强，印象中无论做什么都不能比别人差，他只要犯错，就会受到责罚，甚至很多时候都不知道母亲为什么打他。有一次，程潇被母亲打了之后，母亲却坐在地上大哭，看着母亲悲痛的样子，程潇心里很难过，就过去为母亲擦眼泪。没想到母亲反而暴怒，对他又是一顿打骂。程潇知道一定是爸爸不在家，妈妈心情不好，她一个人又要照顾自己还要照顾年迈的爷爷奶奶，很辛苦。童年趴在家里的窗台上盼望爸爸突然回家的场景是程潇印象最深的记忆。

经历的重要事件

（1）程潇记得上小学的时候，一天中午邻居家的小朋友约他一起到小区的楼下玩，妈妈正在睡觉，其实自己偷偷出去玩一会儿回来妈妈也不会知道，但是如果妈妈知道了，一定会很生气，于是他轻轻地摇醒妈妈，胆怯地问妈妈："我可不可以跟小朋友到楼下玩一会儿？"妈妈非常生气地说："想去玩就去，干吗吵醒我？"程潇不知道自己怎样做妈妈才能不生气。

（2）有一次爸爸从外地回来，妈妈和爸爸又吵了起来，妈妈认为爸爸在外面不回家是因为在外面有了别的女人，爸爸怎么解释妈妈也不相信，妈妈不让爸爸住在家里，爸爸只好去了附近的洗浴中心。

（3）上高中时程潇是班里的卫生委员，每次卫生评比他们班总是受到学校的表扬。有一次因为他所在的班级没有受到表扬，他为此难过了很长时间，认为是自己工作没做好，非常自责，回家还大哭了一场。

（4）结婚以后，他想有更多的时间陪妻子和孩子，多次萌发辞去职务的念头，但每次妈妈都会特别生气，妈妈希望他在单位有更好的发展。他说："从小到大母亲一直按照她自己的想法来管我。"程潇感到非常痛苦。

问题评估

来访者从小在母亲严厉管教的压力中长大，做事认真，任何事情都要反复检查，不允许有任何的不完美。上高中时因自己分管的工作偶尔一次没有做好而自责，出现情绪问题。母亲对父亲的不信任也给来访者的内心留下阴影。工作后，妈妈希望他在事业上有更好的发展，可从小没有得到父亲更多陪伴的来访者不想让自己的孩子像自己一样缺少父爱，想多陪伴妻子和女儿，与母亲的想法发生冲突，内心产生巨大的压力，进而导致其因偶尔一次到洗浴中心洗澡而产生疑病症状，出现明显的焦虑情绪，极度恐惧，担心自己会感染艾滋病，并反复检查。虽然来访者明明知道反复检查没有意义，但仍控制不住自己，并且反复询问医生。如果有一个医生做出不确定的回答，马上会出现恐惧心理，存在恐惧、强迫症状，并出现头痛、胸闷等躯体症状。SCL-90 测评结果显示：焦虑因子 2.8 分、抑郁因子 2.2 分、恐怖因子 3.1 分。EPO 测量结果显示为外向不稳定性人格特点。医院诊断为焦虑状态，来访者自知力完整，急于寻求心理帮助。该案例属于神经症性心理问题，以焦虑情绪为主，伴有恐惧和躯体化症状，社会功能有一定程度的受损。

咨询方法及设置

　　咨询师综合分析后，认为这个案例可采用认知疗法和整合式短程心理治疗方法。因来访者认知能力好，心智水平高，适合认知治疗的方法。来访者在 A 城的时间有限，可采用焦点解决短程心理治疗方法。经和来访者商定后，咨询设置为每周 1 次，每次 60 分钟。咨询方式为面询，休假期间采用电话咨询。

咨询目标

　　短期咨询目标是缓解压力、解决焦虑抑郁情绪和躯体形式症状，能正常学习工作，恢复社会功能。长期目标是理解症状背后的原因，改变其内疚感，缓和与母亲的关系，促进自我成长。

咨询过程

1. 初始访谈（3 次咨询）

　　首次访谈时咨询师倾听来访者面临的困惑，以接纳、共情、积极关注的态度和来访者建立治疗同盟。该来访者自知力完整，有一定程度的内省力，在这一阶段对来访者的个人资料收集完整。初始访谈阶段心理咨询工作的重点是与来访者讨论治疗的目标，根据治疗目标制订相应的治疗计划，取得来访者的充分信任，为治疗奠定基础。

2. 治疗阶段（10 次咨询）

　　在治疗初期，来访者多次表示，每次咨询后焦虑情绪都能得到很好的缓解，但回去以后又感到紧张焦虑，要求增加咨询次数，同时又担心对咨询师产生依赖，出现阻抗，要求停止治疗。来访者自己买了大量的心理学书籍进行查阅，每天不断给咨询师发微信，表现出了对咨询师的过度依赖，但他又不想过度依赖咨询师，产生了矛盾心理。咨询师向来访者解释出现这种矛盾心理的原因，告诉来访者自己的感受，分析阻抗与移情的原因，来访者意识到自己与母亲既依赖又排斥的关系也是长久以来困扰他的一个问题。他慢慢理解了，阻抗也就逐渐消失了，对继续治疗产生强烈的愿望。当来访者意识到是母亲对自己严格的管教方式对自己成年造成影响时，开始对母亲的管教进行反抗，咨询师与之共情，帮助其修复与母亲的关系。接下来，在治疗中期，采用认知疗法了解来访者如何看待自己的问题，改变来访者对艾滋病的恐惧和焦虑情绪。来访者恐惧和紧张焦虑的情绪得到有效缓解，头痛、胸闷、失眠等躯体化症状消失。来访者又开始担忧自己的焦虑抑郁情绪，急于根除，每天上网查找相关资料，无法面临与妻子的分离，每次分离都会产生分离焦虑，出现睡眠障碍。这与原生家庭管教严格、缺乏肯定以及父亲长年不在家、父母感情不和睦、内心希望家庭团圆有关，在咨询过程中找到了根源，采用焦点解决短程治疗疗法，判断来访者的问题是否有例外情况，寻找来访者内在的资源优势和有效改变的方法，使其能够以较好的心态面对妻子和处理与母亲之间的关系。通过认知治疗和焦点解决短程治疗，来访者的家庭关系得到有效处理，目前来访者可以参加正常的学习训练，社会功能得到有效恢复。自信心增强，与母亲的关系得到修复。

3. 结束阶段（2 次咨询）

治疗后期，来访者意识到自己的问题与成长过程中母亲过于严格的要求和过高的期盼有关，也感受到这种性格让自己在单位成为一个工作严谨认真、一丝不苟的业务骨干。评估咨询效果，教会来访者在今后生活中遇到问题时如何理解和分析，同时处理分离焦虑。

效果评估

（1）来访者自我评估：经过 3 个月的治疗，最终找到了解决自己问题的钥匙，对走好未来的路充满信心。

（2）来访者同事的评估：程潇已经完全摆脱了焦虑情绪，重新以崭新的面貌投入到学习和训练中，并出色地完成了工作任务。

（3）咨询师的评估：来访者内省力较好，咨询过程比较顺利，效果也比较明显。咨询结束时，SCL-90 测评结果显示：焦虑因子 1.4 分、抑郁因子 1.46 分、强迫因子 1.3 分、恐怖因子 1.14 分。测评结果正常。对艾滋病的恐惧心理完全消除，咨询 3 个月后能够以较好的心态面对妻子和处理母子间的关系,社会功能得到恢复。

参考文献

[1] 杨凤池,张曼华,刘传新. 咨询心理学 [M]. 2 版. 北京:人民卫生出版社,2013.

[2] 钱铭怡. 心理咨询与心理治疗 [M]. 北京:北京大学出版社,2016.

[3] 张道龙. 整合式短程心理咨询 [M]. 北京:北京大学出版社,2013.

[4] BECK J S. 认知疗法基础与应用 [M]. 2 版. 张怡,孙凌,王辰怡,等译. 北京:中国轻工业出版社,2015.

找不到媳妇的老李

个案介绍

老李，男，36岁，身高1.8米，帅气高大，整洁讲究，是一名行政工作者。衣服总是熨得平平整整，皮鞋擦得锃亮，人人都叫他"帅哥"。可是，奇怪的是，老李至今未婚，同事、朋友都忙介绍了很多女朋友，老李总是看不上，大家都说他眼光太高。所以，老李至今找不到合适的女朋友结婚，一直"光棍"。他本来觉得没什么，也不着急，可是领导、同事、亲朋好友都替他着急，见面就提醒和催促，为此他变得焦虑和心烦，前来咨询。

主诉

老李自己说："我也想结婚，有一个幸福的家，可是见了那么多女朋友，没有一个对眼的，没办法，就是没感觉，我也不知道怎么办。"他也习惯了每天按时上下班，业余时间加班或在家陪妈妈聊天，节假日陪妈妈出去转转这种生活节奏。他说大家总在他面前谈论这个问题，自己也很无奈，就是找不到中意的姑娘。想到结婚这个事，奶奶忍不住坐火车前来看望老李，原计划住两三个月，结果住了5天就回去了，因为妈妈对奶奶态度不好，还不让奶奶太接近老李，说不放心。

爸爸在老李上大二的时候因病去世了，妈妈就在老李的大学附近租了一套房，和老李一起生活。之后妈妈就一直和老李一起生活，老李调动了两次工作，妈妈就跟着搬了两次家。现在妈妈都快70了，一直给老李做饭、打理一些琐事。老李也很孝顺，走到哪儿都带着妈妈。放假陪妈妈旅游，单位安排的疗养，同事们带老婆孩子，他却带着妈妈。他和妈妈几乎形影不离。

经历的重要事件

（1）小时候，只要爸爸回到家，老李就特别容易生病，为此爸爸很内疚，认为是自己突然回家打扰了孩子的正常生活导致老李生病。爸爸就主动睡到小房间，让妈妈好好照顾老李。有时，老李晚上突然睡醒，发现妈妈没在身边，就抱着枕头跑到爸爸房间，睡在爸爸妈妈中间。

（2）妈妈描述，6 岁时，老李因急性肺炎住院治疗，妈妈彻夜陪伴。住院一周，妈妈几乎没怎么合眼。老李心疼地对妈妈说："妈妈，我长大了要挣钱养你，养你一辈子。"妈妈开玩笑说："傻孩子，你会娶媳妇、生孩子，会有自己的家。"老李说："我不娶媳妇，我天天和妈妈一起住。"

（3）妈妈描述，在老李 13 岁时，有一次，妈妈来了几个多年未见的外地同学，相约晚上一起吃饭。妈妈那天反复给老李解释原因，说其中两个男同学毕业后一直没见过，并答应晚上 10 点前回来。得到老李同意后，妈妈才出去和老同学相聚。由于老同学多年不见，见面比较高兴，多聊了一会儿，妈妈回到家11 点了，老李就暴怒，严厉地指责妈妈"你为什么说话不算数，回家整整晚了一个小时。你是个骗子，你言而无信。你是一个不合格的妈妈，我再也不相信你了。你是因为和男同学约会才不想回家的，小心我告诉爸爸……"第二天还和妈妈生气，不吃妈妈做的饭，妈妈反复道歉和保证，他依然不依不饶，直到第三天才渐渐气消了。

（4）老李在上高中前不明原因突然大病一场，高烧、腹泻，住院半个月，妈妈很心疼、很着急。住院期间妈妈 24 小时陪伴，累了就趴在病床上睡一会儿，专门雇了一个保姆给他们母子俩做饭、送饭。住院期间，老李说"真想让自己的病永远不要好，就能和妈妈一直在一起"。上高中后，一个学期，老李因病请假六七次，后来妈妈无奈之下，在老李高一下半学期就在高中附近租了房子和他一起住，照顾他。

问题评估

该案例属于俄狄浦斯期问题,伴有焦虑状态、躯体化表现,社会功能有一定程度的受损。SCL-90 测评结果显示:焦虑因子 3 分、抑郁因子 2.54 分、人际关系敏感因子 2.44 分。医院诊断为焦虑状态伴抑郁状态。老李对妈妈就像对情人一样离不开,对爸爸是排斥的,爸爸回家他就会生病,然后会获得继续和妈妈睡觉的结果,他是用躯体化症状来表现自己对爸爸的排斥和对妈妈的占有欲。他还曾表达自己长大不娶媳妇,天天和妈妈一起住的想法。妈妈出去和同学聚会回来晚了,老李会用夫妻之间的口吻和态度严厉指责妈妈。妈妈说高中让老李住校,这意味着上高中老李要和妈妈分开住,于是他以生病换取妈妈没日没夜的陪伴。住院期间,老李还说真想让自己的病永远不要好,这样就能和妈妈一直在一起。这也是躯体化的表现,用身体生病得到妈妈的陪伴。关于婚姻问题,由于同事、领导、亲朋好友的关注和催促,使老李感到焦虑,出现睡眠障碍、头痛等生理症状,同时影响了工作,还曾请假,使得社会功能受损。

咨询方法及设置

咨询师综合分析后,觉得这个案例适合心理动力学咨询方法,因为老李领悟性较好,心智化水平较高,而且咨询师擅长心理动力学疗法。经和老李商定后,咨询设置为每周 1 次,每次 50 分钟。咨询方式是第 1 次面询,以后改为视频咨询。

咨询目标

短期咨询目标是解决焦虑情绪和生理症状,能正常坚持上班,恢复社会功能。长期目标是理解症状背后的原因和俄狄浦斯期问题,逐渐改变对其他女性的完美要求,接纳除妈妈以外的其他女性,促进自我成长。

咨询过程

1. 咨询初期（6 次咨询）

此阶段主要是收集资料、建立咨访关系、建立治疗同盟，以接纳、共情、积极关注的态度为来访者解决问题。该来访者有一定程度的内省力，在初期建立了较好的互相信任的咨访关系。也和来访者的妈妈沟通了 2 次，建立了较好的治疗联盟。

2. 咨询中期（26 次咨询）

此阶段主要是处理移情、阻抗，使潜意识意识化。第 8 次咨询当天，老李说要加班不能咨询了，这次咨询就取消了。在下一次咨询中，老李有明显的阻抗，他说："我觉得做了这么多次也没有什么效果，能不能暂时停一段时间，等我有需要时再联系你。""我觉得咱们就是在浪费时间，工作都挺忙的。""你就靠这样的方法，能给我治好病吗？"通过进一步沟通和分析，咨询师了解到老李取消咨询其实不是因为加班，就是感觉咨询对他帮助不大，感觉咨询师没有用高大上的技术，认为咨询师可能水平不够，所以不想咨询了。之所以产生这些阻抗和对咨询师进行攻击，可能是由于负性移情的出现。咨询师是女性，老李再一次感到咨询师这个女性身上的不足，或者咨询师有令他不满意的地方，从而出现了阻抗。因为在他心里，只有妈妈是完美的，其他女性都有这样那样的缺陷或不足。在这次咨询结束前，咨询师表示还是希望老李坚持咨询，下一次会就他的阻抗进行沟通。后来用了 3 次咨询，和老李分析阻抗与负性移情的可能原因，他慢慢理解了，阻抗也就逐渐消失了。接下来，咨询师就老李的潜意识部分进行了一些交流，解释了潜意识的功能，使老李明白了，在潜意识中，他把妈妈当成了情人，所以无法接受其他的女性；如果接受其他女性，就是对妈妈的背叛，潜意识可能会说"如果我结婚了，我妈妈怎么办"。也使他看到了焦虑情绪以及睡眠障碍等生理症状都是由此而带来的内心冲突所导致。他内心一方面觉得自己应该听大家的劝说，降低标准，接纳其他女性，赶快结婚；另一方面又觉得没有中意的姑娘（其实是担心结婚会背叛妈妈）。因此出现焦虑和抑郁情绪，出现头痛、睡眠障碍等生理症状，也影响了上班等社会功能。经过这个阶段的咨询后，老李的情绪开始平稳，睡眠障碍也得到了一定程度的缓解。咨询进行到3个月之后，老李就再也没有请假而耽误工作。

3. 咨询后期（4次咨询）

巩固前期治疗效果，使来访者进一步深入理解潜意识的功能。评估咨询效果，教会来访者在今后生活中遇到问题时如何理解和分析，同时处理分离焦虑。

效果评估

（1）来访者自我评估：感觉经过9个多月的咨询，眼睛像是突然擦亮了一样，看清了许多以前没看清的东西，找到了今后改变和成长的方向，收获很大。以后需要时，还想继续寻求咨询。

（2）来访者妈妈的评估：理解了这一切之后，虽然感到有点心酸，有点内疚，觉得是自己耽误了老李的婚姻，但也明白了今后该怎样和老李相处。

（3）咨询师的评估：来访者内省力较好，咨询过程比较顺利，效果也比较明显。咨询结束时，SCL-90测评结果显示：焦虑因子1.64分、抑郁因子1.8分，测评结果正常。每晚睡眠能持续6小时以上，头痛症状也消失了。咨询3个月后就再没有因身体原因耽误过上班，社会功能得到恢复。

参考文献

[1] 杨凤池，张曼华，刘传新. 咨询心理学 [M]. 2版. 北京：人民卫生出版社，2013.

[2] 陈香，张日昇. 俄狄甫斯情结与古典精神分析诸理论关系探微 [J]. 齐鲁学刊，2011（2）.

[3] 江光荣. 心理咨询的理论与实务 [M]. 2版. 北京：高等教育出版社，2005.

[4] URSANO R J，SONNENBERG S M，LAZAR S G. 心理动力学心理治疗简明指南：短程、间断和长程心理动力学心理治疗的原则和技术 [M]. 3版. 林涛，王丽颖，译. 北京：人民卫生出版社，2010.

在不幸的婚姻中挣扎

个案介绍

大康，男，30 岁，身高 1.75 米，英武干练，说话语速较快。因婚姻问题来访。大康与妻子两地分居，长期与妻子争吵，夫妻关系紧张，对妻子的为人处世方式非常失望，对自己以后的婚姻感到迷茫、绝望。想与妻子离婚，但念及孩子尚小，担心离婚对孩子成长会有很大影响。心情郁闷、焦虑，不知该怎么办。最近感到胸口闷，失眠情况严重，整晚睡不着觉，影响到白天的工作，故前来咨询。

主诉

大康说自己怎么娶了这样的老婆，不理解她的很多行为，感觉不能和妻子正常交流，很苦恼，后悔当初匆匆结婚，现在想，实在不行就离了吧。最近因为这件事情身心交瘁，想在离婚前，先来看看心理咨询能不能有所帮助。

成长经历

大康出生在河北农村，高中毕业后找了份工作，后来通过自学，学历有所提升。家里有一个哥哥、一个妹妹，父亲在外打工，母亲在家照看他们。大康与妈妈关系更亲近。大康描述妈妈在他们村就是好媳妇的模范，勤劳能干、持家有方。大康描述父亲性格不好，爱面子、虚荣、脾气暴躁，让他念书也是因为父亲虚荣。他对父亲有些不满和疏离。大康对他的原生家庭环境比较满意，形容他的家庭就像是港湾。希望自己以后的家庭也能像港湾一样。

经历的重要事件

（1）大康与妻子在 2016 年经人介绍认识，两人聊了 3 个小时后，就同意结婚，从订婚到领证只用了 3 天的时间。当时妻子在上海打工，为了和他在一起，辞去了工作。大康现在看这段经历，觉得当时太冲动了，应该多了解了解。

（2）婚后大康与妻子两地分居，一年后孩子出生。大康在孩子出生的前一天才从单位回到妻子身边，40 天后返回，再次回家时孩子已经会走路。其间都是妻子一人在老家带孩子。大康知道妻子很辛苦，但他认为做母亲不就该这样吗？一次孩子高烧，妻子没有及时带孩子去医院诊治，大康非常愤怒，认为妻子脑子有问题，怎么能不重视孩子，万一烧坏了怎么办。对妻子怨气很大。

（3）大康觉得妻子离自己心目中妻子的形象相差较远，有孩子后第二次回家，觉得家里很多地方都不整洁，抱怨妻子不能随手把桌子擦了吗？孩子刚刚学会走路，他希望妻子能给孩子做鞋穿，妻子拒绝后，他用自己穿旧的牛仔裤给孩子做了一双鞋。觉得男人都能做的事，一个女人却做不到，对妻子很失望。

（4）大康在两人刚结婚时，一次和妻子的闺密一起吃饭，其间闺密埋怨与婆婆相处时的一些琐事，妻子说："你婆婆就是故意整你。"大康听到后觉得非常诧异，认为妻子心胸狭隘，人格有问题，咨询时经常提起，并耿耿于怀。

问题评估

大康在与妻子的相处中，很难和妻子的感受产生共情。大康虽然对原生家庭的养育环境比较满意，但很多细节流露出大康分裂的防御机制：父亲往往是全坏的，母亲是全好的，母亲是他心目中理想的妻子形象。大康在生活中有很多固有的、偏执的想法，情感控制能力较弱。大康妻子的成长经历比较坎坷，有两个姐姐、一个弟弟，父母一直想要男孩，作为家中第三个女孩子，她险些被送出去。通过大康的描述，感觉他的妻子也不能很好地处理与他的关系，遇到压力事件时，常呈现出指责、逃避的应对模式。

这些都给大康的婚姻带来困难，他时常体验到苦恼、失望、愤怒和焦虑，两周前出现失眠。了解到大康的人际关系、工作能力等其他自我功能良好，仅是婚姻带来的压力，判定应属一般心理问题。

咨询方法及设置

大康共情能力较差，对婚姻、配偶有很多不合理的认知和期待，大康想要改善与妻子的关系，提升婚姻质量，主要使用支持性心理治疗和萨提亚模式治疗。每周 1 次，每次 50 分钟，咨询共进行了 9 次。

咨询目标

改善夫妻关系，提高婚姻质量。

咨询过程

1. 第 1 次、第 2 次咨询

详细了解大康目前的症状，使用支持性心理治疗，倾听、共情，理解他艰难的处境，缓解其负面情绪和压力，收集信息，逐渐建立咨访关系。试探他对自己不合理认知的觉察能力，发现大康领悟能力较好。与大康一起讨论咨询目标，大康想了解自己的婚姻到底怎么了，为什么两个人总是吵架，很少能平静地沟通，希望挽救自己的婚姻。

2. 第 3 次咨询

放松冥想，让大康放松下来。聚集在对妻子不满的一件事情上，通过对内在冰山的探索，大康觉察到自己认为是很简单的对妻子的要求，实际上是在按完美妻子、按母亲的形象，在高标准地要求妻子。夫妻沟通时，大康体验到他似乎站在板凳上与妻子对话，认为他的观点一定是对的，沟通时两人总是在观点上争输赢。通过这次咨询，大康对他在夫妻关系中的言行有了反思。咨询结束时，大康反馈他近期的睡眠好了很多，没有再失眠。

3. 第 4 次咨询

大康对妻子抱怨、指责的情绪较多转变为困惑、好奇，希望更多地了解妻子。大康口中妻子的形象也开始饱满起来。他觉得妻子某些方面的行为也是值得肯定和欣赏的，妻子似乎不再是以前那个不可理喻、心胸狭隘、任性、爱发脾气的小姑娘了。这次咨询通过绘制妻子的原生家庭图，让大康了解妻子从小的生长环境，以及环境对她性格的影响。大康对妻子的局限有了深入的理解，流露出对妻子的疼惜，发现自己和妻子相处时，似乎总是不经意地按照母亲的样子要求妻子，即使妻子做得不错的地方，他也不好意思夸她。这次咨询结束后，大康说自己不想离婚了，妻子现在是他生活中最重要的人，他想为自己的婚姻做些事情。

4. 第 5 次咨询

大康和妻子最近几次的沟通渐渐深入，大康开始对妻子表达了关心，妻子在电话那头感动得哭了。大康对两人之间爱的流动很欣慰，体验到了家庭的温暖。咨询继续聚集在夫妻之间过往的事件中，大康体验到"家不是讲理的地方，是讲情的地方"，他要从"凳子"上下来。这次咨询中大康说到一些小时候和父亲相处的事情，对父亲有负面的情绪，咨询师共情、理解大康在当时的体验，同时和大康探讨他从"凳子"上下来之后，妻子可能会对他有更多的期待和要求。

5. 第 6 次咨询

大康迟到了 5 分钟，上周夫妻俩有过一次激烈的争吵，大康认为妻子不懂事、不讲道理，让他难以承受。大康感到伤心、委屈，期待妻子也能为婚姻做出一些改变。咨询师理解、共情大康挫败、委屈的感受，进行支持性心理治疗。

6. 第 7 次、第 8 次咨询

聚集事件发生时，在大康"内在冰山"的观点、感受、期待层都发生了什么，探索更多可以选择的可能。大康对夫妻关系有了更多的思考，意识到妻子是与他不同的独立个体，而非他的附属品，并接纳了妻子的不同与局限。大康还意识到自己持续的成长改变对于整个家庭系统改变的重要性，也意识到婚姻需要经营，发生矛盾时，除了离婚还有很多其他的选择。夫妻关系从咨询开始时的剑拔弩张，到前一阶段的亲密融合，再到现在有空间地亲近，大康与妻子的关系有了很大的转变。大康认为前期设定的咨询目标已经达到，可以暂时结束咨询，他想休假回家看看妻子。

7. 第 9 次咨询

跟大康一起回顾咨询过程，巩固咨询中的收获，欣赏大康在咨询过程中所做出的努力和获得的进步。大康感受到婚姻是一门学问，需要学习、需要经营。大康想和妻子商量，将妻子从老家接来，一家人生活在一起，共同承担孩子的养育责任。大康希望咨询师推荐一些书籍，帮助自己持续学习。

效果评估

大康在咨询中逐渐发展出共情他人的能力，他的冲动控制能力得到提升，观察性自我功能得到发展，已能较理性地看待自己婚姻中遇到的问题，夫妻关系得到很大程度的改善，焦虑引起的躯体化反应已完全消失。

参考文献

［1］WINSTON, ROSENTHAL, RINSKER. 支持性心理治疗导论［M］. 程文红，译. 北京：人民卫生出版社，2010.

［2］萨提亚. 萨提亚家庭治疗模式［M］. 聂晶，译. 北京：世界图书出版社，2007.

［3］CABANISS, CHERRY, DOUGLAS. 心理动力学个案概念化［M］. 孙铃，等译. 北京：中国轻工业出版社，2015.

［4］贝曼. 萨提亚转化式系统治疗［M］. 钟谷兰，等译. 北京：中国轻工业出版社，2009.

难以靠近男友的女医师

个案介绍

小郭，女，28岁，硕士，是某医院的一名内科医生。中等身材，相貌姣好，着装得体大方，文采出众。初次相识的人都会夸赞这个姑娘。恰逢婚龄，周围的领导、同事、亲戚朋友没少给小郭张罗找对象的事。这几年过去了，小郭也处了不少对象，可是，没想到的是，她会一次次被对方提分手。这样的事情发生得多了，小郭也渐渐意识到，无论和对象彼此多么合适，时间一长，只要两个人熟悉起来，男友都会提出分手。小郭不明原因，为此很苦恼，前来咨询。

主诉

小郭说，两周前男友提出分手，她感到特别痛苦，出现焦虑、不安情绪。一个人时总想流泪，感觉心里像堵了一块大石头一样。对待病人也没有之前那么心平气和，言语中的不耐烦让很多病人投诉她态度有问题，因此心情更加烦躁。在电话里面对父母也无法平静。此症状于3年前失恋时首次出现。3年内，每遇失恋，这种痛苦的感觉就会袭来，小郭感觉与男友没发生什么事情，为什么四段恋情中男友都会莫名其妙地提出分手呢？

成长经历

小郭是家中的独生女，因妈妈上班，4个月大时被断奶后交由外婆照顾。小郭常常听外婆说她和母亲小时候一样爱哭，比较难带。长大后又特别爱生气，没有表姐性格好。不过，小郭天资聪慧，自幼学习成绩优异，经常得到老师的表扬，加之相貌姣好，在班里比较骄傲。又因为不合群、爱计较，所以没有什么朋友。小郭的妈妈是家中长女，爱学习，喜欢文学，一心想上大学，但因为家境贫困，子女又多，最终没有如愿，因而将所有的希望都寄托在小郭身上。妈妈对小郭管教严，作业不做完不许小郭睡觉，考试成绩下降就打骂小郭。有时候，小郭的妈妈又会表现得特别温柔，她会读诗给小郭听，给小郭讲有趣的故事。在小郭眼里，妈妈是变化的，时而严厉可怕，时而温柔可亲。小时候的她以为是自己惹妈妈生气，所以拼命好好学习，让妈妈开心。爸爸是一名工人，根本不理解妈妈的精神需求，从结婚起就不敢在妈妈面前大声说话，低眉顺眼地看着妈妈的脸色过日子。小郭也看不起爸爸的怯弱，时而会像妈妈一样埋怨爸爸没本事。这些年，爸爸单位改制，导致他失业下岗，妈妈更加瞧不上爸爸了，将全部的心思都放到小郭身上。高考那年，小郭生病了，发挥失常，名落孙山。母亲不但没有安慰小郭，反而控制不住自己的情绪谩骂小郭没出息。爸爸平时就怕妈妈，看到妈妈这样也只能默不作声。小郭受不了妈妈的坏脾气，爸爸又靠不住，所以有了离开家的想法。第二年，小郭用尽全力考入某大学医学专业，终于可以上大学离开家了。可是，每每这种念头冒出来的时候，小郭在梦想成真的喜悦中总是伴随着内疚。她也时常为自己矛盾的心态感到疑惑。大学期间，小郭经常为小事与舍友发生争执，感觉同学们根本没法理解自己的思想，有时候会觉得很孤独。工作稳定后小郭开始谈恋爱了。恋爱的初期是甜蜜的，男友比较关心她。随着时间推移，关系加深，相互了解后，男友就提出分手。分手后，小郭很痛苦，陷入了长久的抑郁情绪中。后来，经人介绍，小郭又先后谈过三次恋爱，最终都以男友提出分手而宣告结束。

经历的重要事件

（1）小郭6岁时，听到妈妈和外婆吵架时说，妈妈年轻时谈恋爱跟别人发生性关系后被抛弃，导致妈妈脾气暴躁。听到这事情让小郭很伤心。

（2）中学时，有一次小郭看到父母吵架，吵到最后妈妈拿着刀追着爸爸满院子跑，小郭吓坏了，觉得爸爸很可怜。

（3）因病高考失利，妈妈天天骂她。那时小郭整日以泪洗面，恨死妈妈了。

（4）第一次小郭和男友谈得好好的，男友突然提出分手，她坚决不同意，到男友宿舍、饭厅等很多地方截住男友想问个明白，后来央求男友，男友虽答应复合但态度冷淡。小郭觉得自尊扫地，十分痛苦。

（5）第一次失恋后，小郭因为痛苦离家外出，父亲在后面悄悄跟随，直到她回家了父亲才悄悄回家。父亲的担心让她心里酸酸的。

问题评估

小郭最大的问题就是她的人际关系问题，这与她早期建立的不安全型依恋（矛盾型）关系很大。这也表现在她在亲密关系中的不确定感和情绪化。这个情节造成了她现在的症状。小郭的童年充斥着母亲的暴躁、焦虑情绪，这造成她器质性的焦虑和对亲密关系的不信任，因此小郭很难建立起牢固的二元关系。因为总是处于不确定的恐惧之中，她无法发展出基本的信任和安全型依恋。这似乎构成了她成年时期共情、心智化、自我调节和信任的问题。加之其父亲的软弱表现，父亲对小郭的成长并没有发挥作用，让小郭对父亲的失望加剧。因此她的自体感十分脆弱，学习成绩优异给了她一个虚假的自体，帮助她维持着自尊。

小郭在亲密关系中特别强调对方的关注，时刻不能缺少的关注和爱护是她在试图重新寻找失去的二元关系中的安全感。她在亲密关系中需要反复确认男友对自己的关注才会觉得自己不孤独，这导致男友不堪重负最后离她而去。为了抓住刚刚建立的二元关系，她以自尊扫地的方式处理她的失恋，又增加了她新的痛苦。

咨询方法及设置

来访者智商高，悟性好，求助动机强烈，有自省力，适合心理动力学治疗。咨询师对小郭进行动力学评估后，感觉双方比较匹配。小郭也很愿意与咨询师配合，就商定咨询设置为每周1次，每次50分钟。咨询方式是面询。

咨询目标

近期目标：调整情绪，让小郭从痛苦和抑郁情绪中走出来。

远期目标：让小郭看到自己与妈妈的关系导致了她不安全的依恋关系，产生了既想接近人又无法靠近人的矛盾心理，以及因为这样的矛盾心理导致她无法与人建立长期的亲密关系，包括恋爱的一次次失败。在咨询工作中，使其逐渐体验到安全，逐步发展出对人的信任能力和建立亲密关系的能力。

咨询过程

1. 咨询计划
本次咨询计划24次。分为咨询的初期、中期和后期。

2. 咨询初期（6次咨询）
本阶段以建立关系、讨论咨询目标、收集资料、评估为主要工作。以支持性心理咨询为主，用共情、澄清、支持的技术一边疏导来访者的负性情绪，一边收集来访者的资料。做好对来访者的评估工作，确定咨询目标。

3. 咨询中期（14次咨询）
中期阶段也是咨询的修通阶段。经整体评估，来访者心理发展水平处于口欲期，防御机制大部分属于较弱适应性的防御。评估为人格障碍倾向，以支持性心理咨询为主。主要运用的技术是共情、尝试性解释。本期的咨询目标是在抱持的环境中呈现移情和反移情，让来访者对移情有更深刻的认识，并克服咨询中遇到的各种阻抗，达到修通的目的。咨询师在此阶段会充当来访者的理想化客体，让来访者得到充分的共情，改善童年的自我体验，改善自尊调节能力，改善人际关系。在第7次咨询时，来访者出现阻抗，说自己单位最近比较忙，咨询暂停。因为在第6次咨询时咨询师用了尝试性的解释后，发现来访者离开的时候态度不像以前那样有礼貌了，于是做了督导。督导老师提出咨询师太着急，解释技术用得太早，心理功能偏低的来访者又回到她以往的人际模式中，感到咨询师要和妈妈一样开始对自己不好了，这引起了来访者的焦虑情绪，于是来访者想暂停咨询。

第 7 次咨询中，咨询师在督导的帮助下，知道小郭阻抗的原因，本次咨询中主要以共情为主，让小郭消除对咨询师的负移情，让小郭认识到阻抗是她以往人际模式的再现。只有看清楚这些了，小郭才有信心继续咨询。接下来的咨询，咨询师放慢了节奏，分析了父母对自己的影响，也让小郭看到自己父母所经历的创伤和父母所处的年代给妈妈带来的遗憾。

4. 咨询后期（1 次咨询）

咨询后期，讨论小郭对 4 个男友、妈妈、爸爸的看法，并处理分离。咨询共 21 次。原计划 24 次，后 3 次对咨询的效果进行评估，并处理来访者的分离焦虑，但来访者小郭后 3 次并没有来，打电话说感觉自己现在好多了，医院给她安排了新的工作岗位，在新的岗位主任很赏识她，她很感谢老师的帮助，没有用的 3 次等以后有了新的问题再来咨询。

效果评估

（1）来访者自我评估：负性情绪得到宣泄。因为咨询师的共情，对咨询师产生了正移情，愿意把自己的委屈和不满在咨询师面前倾诉，倾诉后情绪得到缓解。

对自我的人际模式有了一定的自省能力。在咨询中咨询师分析了小郭的强迫性重复，让她看到自己内在不安的依附模式是怎样影响她在亲密关系中的互动的。

对他人的共情能力提高了，开始体谅父母的不容易。小郭在咨询师抱持的态度下建立了较为稳固的二元关系，发展出了相对饱满的自体感，有了共情的能力。

（2）咨询师的评估：人际关系得到改善，心情好转。转变的原因一方面是咨询的效果体现，另一方面是她工作的变动、领导的赏识让她的自尊感增强，对待他人的态度也好了起来，人际互动的模式开始良性运转。当然，20 次的咨询只是一个开始，小郭在咨询中开始体验到一种不同的人际互动模式，但要形成稳固的人际信任关系并促进人格成长尚需更多时间，方能完成转化性内化过程。

社会功能得到提高。咨询后小郭得到充分的镜映，使夸大自体趋于驯服，能客观地评价自己、安心工作。

参考文献

［1］科里. 心理咨询与治疗经典案例［M］. 8 版. 谭晨，译. 北京：中国轻工业出版社，2010.

［2］CABANISS，CHERRY，DOUGLAS. 心理动力学个案概念化［M］. 孙铃，译. 北京：中国轻工业出版社，2015.

［3］WALIN. 心理治疗中的依恋［M］. 巴彤，等译. 北京：中国轻工业出版社，2015.

［4］CABANISS，CHERRY，DOUGLAS. 心理动力学疗法［M］. 徐明，译. 北京：中国轻工业出版社，2012.

<hr>

第五章

个人发展引发的心理问题

为上进而苦恼

个案介绍

张然，男，32岁，因为工作能力强，表现突出，工作14年的张然已从一名普通职员晋升为总经理。这一路走来张然付出了很多。半年前张然从原部门调到了一个新的部门，正准备在新部门大展拳脚的张然却被失眠困扰。一开始他只是失眠几天，后来渐渐失眠1个月，现在已有半年的时间了。张然入睡困难，睡眠质量差，易醒，每晚睡眠不足5个小时，早睡起床后总说昏昏沉沉的，觉得无法集中注意力，还总是爱忘事。备受困扰的张然决定前来求助。

主诉

自从被调到新的部门以后，张然负责了新的工作，每天都非常忙碌。张然是个自我要求特别高的人，不仅自己要把事情做到尽善尽美，希望下属也能把事情做得像自己一样。张然觉得既然自己能做到的事情，别人也能做到，而一旦自己的下属达不到要求，张然就会非常愤怒，难以控制自己的脾气。不仅如此，张然发现自己常常有力不从心的感觉，尤其最近这半年多的时间里，记忆力减退得很明显，工作效率直线下降。他觉得自己本来年纪就大，和同事比起来没有优势，所以每天都会给自己布置任务，结果这半年来进步不多退步不少。这种挫败感让张然很沮丧，觉得自己怎么这么笨，虽然他并不是一定要拿第一名，但是自己比不上别人就会特别焦虑，而且越是拼命想做好，越是做不好。为此张然吃不下去饭，半年时间瘦了 10 多斤，觉得随着自己年龄一天天地增长，身体的状况也赶不上几年前。张然很迷茫，不知道将来该怎么办。

成长经历

张然出生在一个农村家庭，父母的文化程度不高。在张然的印象中，父亲是个很严厉的人，自己因为小时候比较调皮没少挨揍。上学以后离家很远需要住校，父母对张然的管束就少了许多，一开始张然的成绩虽然算不上顶尖，但也还不错，后来因为和同学去网吧打游戏，学习成绩下滑非常明显。最后张然考上了一个职业高中，对学的东西很感兴趣，工作以后因为有一门手艺，再加上张然做事认真踏实，很得领导赏识，经过考核选拔升职。角色身份的转换没让张然放松下来，他反而感觉到自己肩头的重担更重了，此后工作愈发仔细，有时候自己都觉得自己紧张过头了，但还是控制不住自己，总是要求自己一定要把事情做到完美。

经历的重要事件

（1）张然小的时候经常被父亲打，最严重的一次打得他第二天都没法去上学。为此他对父亲又怕又怒，不愿意在家待着。

（2）张然是家里唯一的男孩子，上面有一个姐姐。母亲在他很小的时候就开始教育他要好好读书，要出人头地、光宗耀祖。所以张然学习一直很努力，虽然他觉得自己不是个聪明的孩子，但是也很努力很用功。

（3）新单位的工作非常忙碌，但是张然做事情特别仔细，经常需要反复检查、再三确认，导致工作效率不高，虽然最后领导交代的工作也完成了，但是新领导觉得张然做事情太拖沓，这让张然非常委屈。

问题评估

该问题属于压力导致的焦虑抑郁情绪问题。来访者因调到新的单位环境后，工作压力较大，出现了一些焦虑的情绪。与此同时，因为来访者过度追求完美的性格，对自己和身边的人都比较苛责，其人际关系也出现了问题。焦虑引起的睡眠障碍导致了其精力减退，注意力不集中，工作效率下降，为此来访者出现了对自己的能力怀疑否定，生活兴趣减退，体重大幅度下降等抑郁情绪特点。SCL-90结果显示总分302分，阳性项目数79，总均3.35分、焦虑因子3.5分、敌对因子3.2分、抑郁因子3.2分、强迫因子3.16分、人际因子2.88分、偏执因子2.83分。该求助者自知力完好，曾自己查找书籍寻求解决心理困境的方法，因次主动前来求助。

咨询方法及设置

咨询师经过2次交谈分析以后，和张然共同商议采用认知行为治疗方法，咨询设置为每周1次，每次50分钟。咨询方式为面询。

咨询目标

短期咨询目标是缓解张然的焦虑情绪，帮助其认识到正是由于其过于追求完美的性格导致了焦虑情绪，帮助其恢复社会功能。长期目标是纠正其因为不恰当的思维方式而引起的症状，逐渐改变其认知和行为模式，促进其自我成长。

咨询过程

1. 咨询初期

此阶段主要是建立咨询关系，收集信息，明确治疗目标。咨询师通过与张然的交谈了解到当前困扰他的几个主要问题，以及前来进行心理咨询的原因。目前张然最想解决的就是失眠的问题，由于失眠导致他注意力不能集中，精力减退明显，严重影响到他的正常工作和生活。其次是他总是控制不住发脾气的冲动，但在他内心的火气冒上来把下属骂一顿之后他自己也很后悔；还有就是张然年纪越来越大，给自己定的目标完成不了，让他很有挫败感，他觉得如果不能力争上游那将来他该怎么办。咨询师通过两次的咨询对张然自身存在的问题以及其对自我的认知都有了初步的掌握，对在谈话过程中张然出现的错误认知进行了记录，为后续的咨询治疗做准备。张然长期喜欢阅读，对自我的要求也高，自知力良好，在下定决心来进行心理咨询后很快就与咨询师建立了良好的咨询关系。

2. 咨询中期

此阶段主要是帮助来访者进行自我反思和促使其进行改变的阶段。通过前两次的咨询，咨询师已经基本掌握了张然的情况，并在此基础上通过张然对问题的描述，识别出了其错误的认知。咨询师向张然询问最近有没有再出现控制不住想发脾气的情况，当时又是怎样的场景。以下是一个咨询片段：

张然："一次领导让我们组给其他组做示范，这是展示我们组能力的一个很好的机会。但有几个人却怎么也做不好，我说他们不用心他们还辩解，当时我的火气就上来了，把他们几个人训了一顿。明明是很简单的事情，而且自己也亲自教他们了，他们还做不好，就是不上心。一想起这件事我这火就噌噌地冒，晚上就失眠。"

咨询师："首先这项工作他们没有完成好，你认为他们没有完成好的原因是不用心，当他们辩解的时候你觉得他们是在为自己找借口，于是你非常生气，是这样吗？"

张然表示同意。

咨询师："可以谈谈你这样想的原因吗？"

张然："我都提前给他们演示过了，明明很简单的，也有人做得很好，就他们几个做不好，肯定是不用心，尤其还有人狡辩，他们总是这样，做不好就找借口。"

咨询师："你带着这个组也有一段时间了，他们总是完不成工作任务吗？"

张然："有时完成得好，有时完成得不好。"

咨询师："有没有你都完不成的工作别人却完成了？"

张然："当然有了，尤其调到这儿以后年轻的同事多，学历也高，好多东西我都不懂，领导交代给我的工作有两次我确实没完成，但是其他同事完成了。"

咨询师："那你完成这项工作的时候非常用心吗？"

张然："我做事非常认真，只要是领导交代给我的工作我都很上心。"

咨询师："那有没有可能这次你们组没有做好，会跟你遇到的情形类似啊？"

听到咨询师的反问，张然错愕了一下，沉默了几分钟之后他看着咨询师说道："我明白你的意思了。"回去以后张然再遇到类似的事情时就会停下来思考几分钟，慢慢地能够控制住自己的脾气了。在此过程中他也转变了对身边人的看法，调整了自己对待下属的方法，其人际关系也得到了修复。这种切实的反馈增强了张然的自信心，使他更加主动地去调整自己的行为。随后咨询师又针对张然过于追求完美的想法，以及因为目标无法达成而对自己进行消极评价的问题逐一进行了解决。

3. 咨询后期

通过前几次的咨询，张然已经能很好地调整自己的认知，咨询师帮助其重新回顾治疗要点，指出他的进步，巩固前期治疗效果。评估咨询效果，教会张然如何更好地应对生活中的问题，鼓励他举一反三解决类似的问题。

效果评估

（1）来访者自我评估：经过几个月的咨询，增强了自信心，对自己的评价也更加客观，睡眠恢复正常，能够较好地应对工作压力，学会调整自己的认知、控制自己的情绪，以更加理解和包容的态度对待同事。

（2）来访者同事的评估：张然不像以前一样动不动就发脾气了，对待下属也更加有耐心了，以前老是板着个脸看谁都不顺眼，现在经常笑，下属跟着他干活不再担心害怕了。

（3）咨询师评估：来访者内省力好，和咨询师关系建立得好，咨询的效果也很明显。咨询结束时经 SCL-90 测评结果显示焦虑因子分、敌对因子分、强迫因子分、抑郁因子分、人际因子分和偏执因子分都降低了。人际关系改善明显，焦虑抑郁情绪得到缓解。

参考文献

［1］钱铭怡. 心理咨询与心理治疗［M］. 北京：北京大学出版社，2016.

［2］BECK. 认知疗法：基础与应用［M］. 2 版. 张怡，等译. 北京：中国轻工业出版社，2015.

［3］刘世宏，高湘萍，徐欣颖. 心理评估与诊断［M］. 上海：上海教育出版社，2017.

［4］江光荣. 心理咨询的理论与实务［M］. 2 版. 北京：高等教育出版社，2014.

成为自己

个案介绍

来访者 L，女，39 岁，汉族，离异，和 15 岁上高一的女儿共同生活，目前没有正式交往的男朋友，在某部队机关部门工作。来访者 L 是家中老大，有一个弟弟。来访者女儿曾经为解决学习困难问题前来咨询，咨询后效果良好。来访者在和女儿发生冲突后，意识到造成问题的原因可能有女儿的因素，也有其自身的因素，因此主动前来咨询。

主诉

烦躁，感到很累，睡眠不好，来咨询前症状已持续约一个半月。

一个半月前因女儿期中考试成绩不理想，来访者情绪受到影响，经常和女儿因为小事发生争吵，情绪烦躁、焦虑。来访者担心长期下去，女儿将来考不上重点大学，多年的辛苦就白费了；又觉得自己年近中年，没有一个完整的家庭，这么多年为女儿付出，工作事业上也不敢多投入精力，连领导让她参加中层干部竞岗她都不敢答应，越想越觉得自己活得太失败，为此，经常夜里难以入睡。一周前来访者和女儿因为吃早饭问题发生争吵，女儿没吃早饭去上学后，自己又很后悔，加重了烦躁情绪，当晚直至凌晨才勉强入睡。三天前，因为女儿玩手机时间超过一个小时，两人再次发生激烈争吵，一怒之下来访者把自己的手机摔到地上，当晚彻夜未眠。来访者希望通过咨询调整心态，改善和孩子的沟通方式。

成长经历

来访者的奶奶重男轻女思想严重，因为来访者是女孩，所以从小时候起就很少得到奶奶的宠爱。奶奶为了能让弟弟吃上一个大的鸡蛋，煮鸡蛋的时候锅里要用东西隔开放，防止来访者去吃大的。在来访者记忆中，小时候因为父亲离开老家独自在县城的中学教书，上幼儿园前她很少和父亲共同生活，上小学前才被父亲接到县城上幼儿园并和父亲共同生活。直至父亲调到当地交通部门工作，经济条件改善，才将其母亲和弟弟接到县城，全家团圆，共同生活。

据来访者介绍，来访者一直觉得父亲很爱她，甚至超过爱弟弟。和父亲单独在县城生活的那段时光，是自己最开心的一段日子。来访者总觉得是因为经济条件差父亲才不能把妈妈和弟弟一起接到县城生活，因此平时从来不让父亲给自己买零食吃。每次幼儿园发好吃的点心，别的小朋友都自己吃完才回家，而来访者总舍不得自己吃光，哪怕只剩下一口，也要带回家给父亲尝尝。

结婚后因为娘家条件比较好，来访者一直在娘家居住。婚后一年女儿出生，之后和丈夫及婆家的矛盾日益严重，最终导致和前夫在孩子9岁多时离婚，离婚后和女儿暂时继续居住在自己娘家。离婚不到一年，为了减少离婚对孩子产生的不良影响，来访者离开原籍到现居住地工作生活，至今已有3年多时间。期间家里亲戚多次催促自己再婚，但是考虑到不想让孩子受委屈，觉得凭自己的能力也能把孩子培养成才，都是自己照料孩子学习生活。来访者离婚后一直未再婚，前夫离婚后再婚并育有一子。来访者女儿有时会去父亲的新家短暂生活。据来访者介绍，孩子不喜欢在父亲那边生活，因为不习惯老家的生活方式了。来访者除了与女儿经常因一些生活琐事争吵外，其他社会功能均良好。

问题评估

根据临床收集的资料以及相关因素的分析，来访者家族中无精神病史，无重大疾病史。自知力完整，主动求医。SAS 标准分为 55 分。结合症状显示，来访者存在轻度焦虑。

115

个案概念化

早年生活经验：奶奶重男轻女，家庭
经济条件较差

中间信念：如果孩子听我话，我能把
孩子管好，我就是一个有用（成功）
的人；
如果孩子不听话，我不能把孩子管
好，我就是一个无用（失败）的人

策略：控制孩子，牺牲自我

情境一：吃早饭
S：孩子没吃早饭就去上学
R：焦虑，担心，生气，吵架
C：焦虑情绪缓解（强化）
母女关系紧张（惩罚）

情境二：单位中层干部竞岗
S：单位领导找自己谈话，希望能参加中层干
部竞岗，自己嘴上表示考虑一下，但是心里是
拒绝的
R：焦虑，担心，委屈，矛盾的心情
C：不会因为工作任务重耽误照顾孩子，暂时
缓解了焦虑（强化）
对孩子的控制加强，如果孩子不听话，就更加
埋怨孩子，也加重了自己的无用感（失败）

咨询方法及设置

咨询方法：采用认知行为疗法。原因：该来访者在其成长过程中因为特定的环境和特点，在内心形成了很多不合理信念，这些不合理信念带来了许多不合理的行为，该个案也因为这一系列的不合理信念和行为产生了一系列的负性情绪体验。经与来访者商议后，咨询设置为每周1次，每次1个小时。

咨询目标

减少求助者的烦恼，调整认知；降低求助者的焦虑情绪。

咨询过程

整个咨询时间持续 3 个月，每周 1 次，每次 1 个小时。分 3 个阶段，共进行了 10 次咨询，具体过程如下：

1. 诊断、评估阶段（共进行 2 次）

第 1 次咨询（初始访谈）：

（1）填写咨询登记表，介绍咨询中的有关事项和规则。

（2）倾听来访者的诉说，鼓励其宣泄不良情绪，帮助其调整心态，获得来访者的信赖。

（3）收集来访者的资料，了解事件的发展过程，探寻来访者的心理矛盾及改变意愿。

（4）咨询师对来访者能因为心理不适主动寻求专业帮助表示鼓励。

（5）布置作业：认真思考咨询师的谈话，并尝试找出自己在日常行为当中出现的自动化思维。

第 2 次咨询：

（1）通过反馈咨询作业，来访者进一步意识到：自己虽然是女儿的妈妈，为女儿的成长付出了很多心血，但女儿是一个独立的个体，她也应该承担起自我管理的责任，并且有权利以自己的方式生活和学习，即便是妈妈也不能过多干预。

（2）进一步分析认知行为与情绪、人际的关系。同样是一件事情，会因为发生时自己所处的情境和心境的不同引发不同的行为。比如：没有和女儿发生冲突之前，女儿偶尔也会不吃早饭就去上学，来访者自己也没觉得孩子犯了什么大的错误，除了担心孩子不吃早饭会饿之外，没有愤怒和委屈的情绪，但是发生冲突之后的情况就完全不一样了。引导来访者对人对事进行合理评价，鼓励其适当表达自己的负性情绪，建议其在人际互动中不要对自己要求过高。

（3）认知分析：

目的：认识其歪曲的认知。

方法：和来访者探讨其从社会因素、心理因素等方面产生心理问题的原因。

2. 咨询阶段（共进行6次）

第3次咨询：

（1）改变目前影响母女关系的不良因素，使来访者建立积极的认知：母女之间既是两个独立的个体，也是有着血缘关系的至亲，相处当中既需要相互尊重，也需要相互帮助。

（2）学会重新看待问题：认识到问题的主要矛盾是什么。

（3）认知重建：帮助来访者纠正一些不良的观念，如：家长为孩子无条件付出，孩子也要无条件尊重家长，并遵从家长的安排，因为天下的妈妈都是爱孩子的，不会害孩子。

（4）帮助来访者认识到一些不合理信念，并建立合理信念。

（5）咨询师和来访者共同探讨一些母女相处得好的例子，通过一些母女良好互动的实例，引导其重新建立新的正确的认知模式。

（6）布置作业：建议来访者和女儿一起多讨论，达成共同的认识，相互理解，从而建立良好的互动关系。

第4次、第5次咨询：

在这两次咨询中，咨询师针对来访者和女儿相处中出现的不良互动问题，采用"苏格拉底式提问技术"进行了咨询。

第6次咨询：

（1）学会合理地评价，及时矫正那些因错误的观念带来的不良情绪。

（2）进一步帮助来访者领悟：自己虽然是一个孩子的母亲，但也不能以"牺牲自己的人生"作为当一个好妈妈的代价，要学会做一个"刚刚好的妈妈"。

（3）鼓励来访者在客观条件的允许之下，多为自己考虑，无论是工作上，还是个人问题上。

第7次咨询：

（1）学会合理地评价，及时矫正那些因错误的观念带来的不良情绪。

（2）进一步鼓励来访者在客观条件的允许之下，多为自己考虑。

第 8 次咨询：

目的：引导来访者找出自己的错误认知并矫正错误，树立新的正确的认知。

方法：

（1）学会合理地评价，及时矫正那些因错误的观念所带来的不良情绪。

（2）进一步帮助来访者领悟：在孩子成长过程中，妈妈需要放手。

（3）帮助来访者领悟：一个人、一件事的好坏，不完全在于事情本身，还在于你怎么看、怎么认识。

3. 巩固与结束阶段（共进行 2 次）

第 9 次咨询：

来访者对前期的工作有很大的认可，自己感觉取得了明显的效果。

第 10 次咨询：

这次咨询和上次咨询时间相隔两周。在咨询中双方没有就新的问题展开讨论，来访者主要说了说自己准备参加竞岗的一些事情以及和咨询师讨论是在家过年还是外出过年的问题，说到了上次咨询时提到过的因为弟媳妇的原因外出过年的事情。因为临近春节了，双方约定这一阶段的咨询工作暂时告一段落，春节过后如果有需要，再开始新阶段的咨询。

效果评估

（1）来访者自己的评估：经过咨询，感到精神状态明显好转，睡眠也改善了，和女儿的互动明显改善，自己内心的烦恼减少了，心情好了很多，对咨询效果很满意。

（2）来访者社会功能恢复情况评估：来访者情绪稳定，能够正常生活，对工作的热情度有所提升，与人沟通良好。

（3）来访者及家人的评估：女儿认为现在可以和母亲真正说些心里话了，不管这些话说出来母亲是不是能认可，自己都可以直接大胆地表达出来了。来访者和女儿一致认为最大的收获就是母女两人都可以各自安排和享受各自的空间，并且在共同相处时更和谐愉快了。

（4）心理测验结果：焦虑自评量表 SAS 标准分 48 分，低于中国常模 50 分，表明症状消除。

（5）咨询师的评估：来访者已基本纠正了不良认知，情绪好转，和女儿能够进行良好的沟通，不再把全部的精力投注到孩子身上，在年近 40 岁的时候为提升自己的职业发展水平迈出了前进的步伐。睡眠不好的情况也没有了，在和朋友交往时也能呈现真实的自我了。

（6）求助者某些症状的改善状况评估：来访者因为与女儿闹矛盾的问题引起心理上的焦虑，表现为睡眠困难的躯体症状。通过咨询，来访者解决了内心冲突问题、焦虑状态缓解，睡眠恢复正常。

参考文献

［1］郭念峰. 国家职业资格培训教程：心理咨询师（基础知识）［M］. 北京：民族出版社，2005.

［2］郭念峰. 国家职业资格培训教程：心理咨询师（三级）［M］. 北京：民族出版社，2005.

［3］郭念峰. 国家职业资格培训教程：心理咨询师（二级）［M］. 北京：民族出版社，2005.

［4］TAIBBI. 如何做家庭治疗：临床实践中的技巧［M］. 黄铮，肖军，聂晶，译. 北京：中国轻工业出版社，2012.

遭遇训练意外的士官

个案介绍

小刘，男，29岁，是一名工人，热爱工作，因为技能过硬多次受到奖励，工作中认真负责，不怕苦、不怕累，是领导的好帮手。小刘个性开朗，喜欢跟朋友开玩笑，爱护新同事，很多新入职的员工有烦心事都喜欢找他倾诉，是同事们公认的"老大哥"。在一次工作中，小刘刚放置好设备，突然一声巨响，他只感觉到后脑被什么东西撞击了一下就失去了意识，醒来后发现自己已经躺在医院的病床上了。虽然小刘没有受外伤，但是爆炸的振动使他受到了冲击，尽管住院观察一个月后无碍就返回原单位了，但是他心里对这次的意外总是觉得后怕，又不好意思跟身边的人说，于是前来咨询。

主诉

小刘说："工作中受伤也不是第一次了，之前从来没有害怕过，但不知道为什么，这次之后，一个人独处的时候越想越害怕，以前从来没有担心过什么，现在总是觉得心里有点不安，一个大男人这样子，兄弟们知道了会不会笑话我……"小刘越想控制自己不去想这件事越是控制不住，在最近的几次训练中，他总是犯一些小错误。领导很关心他，问他要不要休假，他拒绝了。这次出来咨询还是打着去医院复查的借口，不想让别人知道自己有心理问题。

成长经历

小刘出生在一个小山村，父母都是农民，兄弟姐妹共 5 人：有两个姐姐，还有一个弟弟和一个妹妹。他排行第三，算是这个家庭中的"长子"。小刘的出生让一心期盼儿子的长辈们万分欣喜，他更是独得爷爷奶奶的宠爱。即使家庭并不富裕，全家人却从来没有在物质上亏待过他。因为长子在家人心中的地位高，也使得所有人对他的期望很大，爷爷和爸爸总是告诉他，家庭的兴旺就是他作为长子的责任，姐姐们以后需要有一个拿得出手的娘家撑腰，弟弟妹妹们要有一个领路的大哥，他就是这个家的顶梁柱。上学后，他学习成绩一直都很好，很顺利地考上了县里最好的中学。为了好好学习，他基本上每周回一次家，拿点吃的和换洗衣物，总觉得不考上一个好的大学没脸见家人。小刘几次模拟考试都考得不错，可是不知道最后那次考试前怎么就突然感冒了，大夏天的感冒别提多难受了，考试那几天他都是硬撑着，最后成绩让他大失所望。他的成绩够上大专的分数线，他想要上更好的学校，家人也支持他复读，可是想到因为自己的失误让家人又要付出更多的费用，他就深深地自责，选择早早参加工作。因为学习底子好，人又认真勤奋，他很快就脱颖而出，成为业务骨干。他经常把省下来的钱寄回家，大大减轻了家庭的负担，弟弟妹妹们也不再为上学费用而发愁了。此后他的想法也发生了变化，认为收入不错，能给家人提供支持，能够更好地照顾家人，这样也很好。

问题评估

本案例的来访者小刘有因为训练意外而出现的应激反应，但没有形成危机。其主要表现为焦虑、紧张，还伴有恐惧和羞愧感，但并未影响社会功能。问题与他的认知和应对方式有关。从小刘的成长经历可以看出，他对自己要求严格，有很强的自律性和责任感，内心对传统男性角色有着刻板印象：男人就应该坚强勇敢，有照顾身边的人的责任，不允许自己表现出软弱和胆怯。因此，他对自己因为训练意外而感到恐惧的心理反应产生强烈的不认同感，感到非常羞愧，因为压制不住这种感觉而焦虑。

咨询方法及设置

咨询师综合分析后,觉得这个案例适合使用焦点解决短期治疗和认知—行为疗法。小刘本身心智水平比较高,而且本人有强烈的求治愿望,对咨询师非常信任,能很好地配合咨询师。咨询设置:每周 1 次,每次 1 小时。咨询方式是面询和电话咨询相结合(舰艇靠岸时面询,离码头时电话咨询)。

咨询目标

短期咨询目标是解决小刘训练中出现的紧张和恐惧感,恢复其以往的训练水平和表现。长期目标是改变小刘不合理的信念,调整其消极的应对方式。

咨询过程

1. 咨询第一阶段(8次)

这一阶段首先要建立咨访关系和收集资料,然后针对短期咨询目标,开始采用焦点解决短期治疗来处理小刘的应激反应。在咨询过程中,咨询师采用关注来访者过去的解决方法。小刘从一名新兵成长为骨干曾经也遇到过不少难题,咨询师协助他回忆以往遇到难题是怎么解决的,特别注重"例外"情况的发生,帮助小刘条分缕析,找到适用于当前问题的解决方法。第 6 次咨询的时候小刘想起自己工作第二年时,有一次在船头除锈刷油漆,差一点掉到海里,虽然船停在码头上,也还是吓出一身冷汗来,那时候有好几天他都感觉后怕,单位领导还特意关照他不要去船头刷漆了。咨询师接着问他后来是怎么好的,起初小刘似乎想不起来了,后来在咨询师的协助下,他回忆起当时同事还总拿这件事来跟他说笑,领导和同事也都纷纷说起各自的糗事,那种氛围下恐惧感似乎也慢慢消散了,直到有一次他在领导的陪同下去了船头,这次同事很认真地给他检查了身上的保护装置,一点一点地把他放下去,他很快就适应了。想到这里,他自己都笑了出来。他说:"好像把心里的害怕大声说出来就轻松多了,虽然被其他人嘲笑了一番,可是也感觉到有人在陪着我，好像事情也没那么严重了。"小刘有着很丰富的工作经验，他在过去的经验里找到了应对眼前问题的方法。

2. 咨询第二阶段（15次）

这一阶段的任务是用认知—行为疗法来处理小刘的不合理信念。首先，咨询师向小刘说明他的那些合理的信念是如何被他自己转变成绝对的"必须"。比如他接受到家人的教育——"男人要顶天立地"，这是合理的信念，但是他自己在接收到这样的信息之后把它加工成"男人必须顶天立地，如果做不到就不是真男人"。这样一来就把可以实现的目标变成了绝对的准则，达不成目标就会加重自己的自责。咨询师启发他，将"我一定不要害怕"的不合理信念，改变成"如何才能让自己不害怕"。咨询师鼓励他创造合理的应对语言，比如，"我想成为一个关心家人的人，但我也有照顾自己的权利""我要成为一个勇敢的男人，但我也有害怕和寻求帮助的权利"。咨询师还跟小刘进行角色互换，由咨询师坚定地站在抱着小刘那些信念的立场，让小刘来试着说服咨询师放弃那些信念。整个过程完成后，小刘已经能够识别自己那些不合理信念，并试着用咨询师提出的办法来解决。

3. 咨询第三阶段（2次）

这一阶段一次面询，主要是总结整个咨询的成果；另一次电话咨询，鼓励来访者将本次咨询得到的收获运用到其他问题的解决上。

效果评估

来访者自我评估：觉得整个咨询过程很长，这是第一次体验心理咨询，感觉对自己帮助还是很大的。这才发现原来情绪问题只是表面现象，想不到还有那么多深层的问题，自己以前认为是绝对正确的信念其实也有不合理之处，自己学会了识别不合理信念的方法，这对今后的工作和生活有很大帮助，而且远比解决目前的情绪问题更有用。

来访者同事的评估：小刘本来就是一个很热心又很会照顾大家的人，大家平时都很佩服他，也很少会想到他这样的人也需要别人关心。现在小刘有事情也会跟同事们说说了，不像以前那样总是自己一个人扛，其实这样的小刘让大家感觉更亲切了。

　　咨询师的评估：来访者本人的求治愿望很强烈，也非常信任咨询师，理解能力和内省能力都比较好，所以整个咨询过程非常顺利。他已经可以识别他的家庭文化中的一些刻板的准则，以及他本人自我谴责、自我牺牲的内心想法，虽然还不能完全改变他自己的认知结构，但是他已经具备了改变的可能性，通过自身的努力慢慢调整，最终不仅能使自己也可以使他的家人受益。

参考文献

　　[1] 赵汉青. 战斗应激反应控制手册 [M]. 上海：第二军医大学出版社，2006.

　　[2] COREY. 心理咨询与心理治疗 [M]. 石林，程俊玲，译. 北京：中国轻工业出版社，2000.

被停职的"技术能手"

个案介绍

小韩，男，20 岁出头，做飞机检修工作，工作两年多。小韩个头不高，脸色黝黑，笑起来会露出一排整齐的牙齿，让人感觉他纯朴善良。检修工作虽然强度没有那么大，但对人的心理素质和技术能力要求还是比较高的。干这个工作的人都要做到细心、耐心，不能有半点马虎。小韩心灵手巧，动手能力强，什么活只要他看一眼就能理解个八九不离十，是大家公认的"技术能手"。有一次，一架飞机发动机导管发生断裂，他在检查时及时发现了这个问题，从而避免了一次可能的事故，领导在全单位对其进行表彰。小韩工作踏实、认真，动作麻利，而且常常不分时间，人称"工作狂"。但他在处理与同事之间的关系时，常常会"一根筋"，总是认为自己是对的，为此常常与别人发生争执，让人下不来台。他平时喜欢喝酒，没有酒还找酒喝。一次，他因为喝酒不接电话，单位领导联系不上他，因此批评了他，他竟与单位领导打了起来，被停职一个星期。事后，他也十分后悔，觉得对不起培养他的领导和单位。打那以后，他时常焦虑、失眠。他说他想改变自己，让自己学会控制自己的情绪，理性地处理问题，于是前来进行心理咨询。

主诉

小韩说："我不知为什么，只要一喝酒，就控制不住自己，每次事情过后，自己总是懊恼怎么又这样，可是过没多久，这个毛病就又犯了。"检修工作十分辛苦，小韩干工作又很投入，有时候过了吃饭时间就随便吃点，时间长了，一遇到紧张的事儿，胃就疼痛，经常是忍一忍就过去了。有时候，有人叫他吃饭，他一喝酒就喜欢发牢骚，遇到问题总是爱找别人的原因，还常因为喝酒夜不归宿。这段时间小韩一直在反省，为什么自己容易情绪失控，他希望学会控制自己情绪的方法，做一个能理性处理问题的人。

成长经历

　　小韩生长在农村，父母都是普通的农民，父亲在外打工挣钱，母亲在家干农活，家里还有一个姐姐。爷爷比较娇惯他，他从小就比较任性，经常调皮捣蛋。父母淳朴、善良，对小韩要求比较严。小韩说："从小只要犯错，不管是父亲还是母亲，都会拿着棍子揍我。"小韩6岁上学后成绩不错，经常是第一名。初中时就有些叛逆，还特别贪玩，学习成绩下降成了倒数第一。到了高二就不想再学了，想打工挣钱。爸爸为了阻止他，就把他带到工地，问小韩是读书好呢，还是卖苦力好？小韩知道父亲还是想让他继续读书，但他主意已定，就大声说："我要挣钱。"父亲看小韩实在不想读书，也就不勉强了。退学后，父亲让他跟着小叔学做鞋。一年后，他决定自己办厂，向家里要了点钱很开心地办起了自己的工厂，那年他18岁。后来因资金不足，自己又没有开发能力，只开了一个星期工厂就以失败告终，人生的第一桶金也没捞上。小韩为此不敢回家，直到有一天爸爸打电话问小韩："飞机检修，愿意干吗？"小韩当时想，这也算学个技术，于是就报了名，开始学习、工作。

经历的重要事件

　　（1）小韩18岁在家时，年少气盛，不顾家人的反对，拗着性子办鞋厂，结果因资金不足加上能力有限，使自己的第一次办厂以失败告终。

　　（2）前几年，在检修时出现了一些状况，后来虽然事情处理了，但小韩心里还是留下了阴影。再后来只要是开始检修，他总是心有余悸、心跳加快，甚至休假在家，开车时只要时速加到80公里/小时，他就会担心、害怕。

　　（3）有一次，小韩因扁桃体发炎在医院做手术，但单位没有派人陪护，他心里不高兴。

（4）单位换了个年轻的小领导，对小韩所在团队的技术不认可，还经常指手画脚，小韩心里很不服气。那几天和同事闹别扭，在外喝酒时小韩没看到单位领导的来电，领导找了他好久，为此批评了他。当时小韩感到非常憋屈，就与领导吵了起来，又借着酒劲儿和领导打了起来，因此被停职一星期，也写了检查。

问题评估

小韩最近总感到焦虑不安、敏感、注意力不集中、记忆力减退、睡眠差、难入睡、多梦，其人际关系敏感，社会功能尚可。SCL-90 测评结果：总分 176 分、人际关系敏感因子 2 分、忧郁因子 2.23 分、焦虑因子 2.3 分、其他（睡眠、饮食）因子 2 分。16PF 测评结果：乐群 5、聪慧 1、稳定 4、恃强 7、兴奋 6、有恒 4、敢为 5、敏感 4、怀疑 5、幻想 6、世故 6、忧虑 9、实验 4、独立 7、自律 4、紧张 7；适应与焦虑型 7.7；内向与外向型 5.5；感情用事与安详机警 6.7；怯懦与果断型 6.7；心理健康因素 16；专业成就者的个性因素 48；创造能力个性因素 73；在新环境中有成长能力的个性因素 14。医院诊断为一般心理问题引起的焦虑、抑郁状态。小韩因个性较强，经常与同事因一些小事发生争吵，这次又因喝酒被领导批评，并因此写了检查并被停职。虽说领导找他交谈过，他也认识到自己的错误，但毕竟受了批评，心情不好。据熟悉他的战友说，小韩平时干活快，所以见不得干得慢的人，经常会对这些人发些牢骚，导致有些人对他有意见。加上他性格比较内向，平时与人沟通交流比较少，别人不理解他，他也感到痛苦，所以这几天出现多梦、失眠，总怕出错的焦虑、抑郁状态。他想改变自己，消除当前的症状，于是前来求助。

咨询方法及设置

咨询师经过综合分析，觉得这个案例适合使用合理情绪疗法。因小韩迫切要求改善自己的情绪问题，虽然文化水平不高，但悟性还不错。经与小韩讨论商量确定后，咨询设置为每周 1 次，每次 50 分钟。咨询方式是面询。因其他原因不能来时，可另行预约。

咨询目标

短期咨询目标是帮助来访者缓解焦虑情绪和忧虑状态以及伴随的失眠等症状，掌握正确的情绪调适方法。长期目标是解决来访者的认知问题，帮助他建立正确的思维方法，改变其不合理认知，由此改变其与同事之间的关系，加速其自我成长。

咨询过程

1. 咨询初期（4次咨询）

此阶段主要是搜集资料、建立咨访关系、建立治疗联盟。通过接纳、积极关注和共情等方式与来访者建立良好的咨访关系，鼓励来访者放下包袱，积极倾诉自己内心的苦闷，减少压力，以尽快消除负性情绪，学会调节情绪的方法，以应对工作和生活中的压力。

2. 咨询中期（6次咨询）

帮助来访者以合理的思维代替不合理的思维，以合理的信念代替不合理的信念，最大限度地减少不合理信念给他的情绪带来的不良影响，以改变认知为主的治疗方式帮助来访者减少、消除已有的情绪障碍。咨询师对小韩讲了合理情绪疗法的 ABC 理论，指出造成他心理问题的症结是其思维信念的不合理，使他陷入情绪困扰状态。简单地说，人在受挫后，往往有两种反应，一种是表现在心理和情绪层面，另一种则表现在行为上，如酒后的情绪失控状态，如抗议、迁怒、漫骂、争吵、攻击等。咨询师给小韩布置的家庭作业是运用 ABC 理论，结合自己的问题进行初步分析：

（1）具体找出自己不合理的思维方式是什么。

（2）找出这种想法的证据。

小韩通过多次的咨询及写作业进行了认真的思考，认识到自己在这件事上不合理的思维方式：一是自己做了那么多的工作，生病住院了单位也没派人陪护，平常与同事有点摩擦，心里不高兴喝点酒，都要挨批（绝对化要求）；二是事件发生后受到领导的批评，还被关了禁闭，觉得领导太严厉；三是觉得被关了禁闭，自己以后可能就没有前途了（糟糕之极）。经过分析，小韩知道自己进入对事情绝对化要求和糟糕之极的错误认知思维里，自己认为干得好，有点错误应该原谅；受了批评还被关了禁闭，自己的成长进步都没希望了。这些都是错误的思维观念。因为这样的认知，自己一直都不快乐，而且总是从别人身上找原因。找出不合理想法的证据后，经过与不合理信念辩论，小韩认清了其信念的不合理性。咨询师从改变小韩常见的不合理信念入手，帮助小韩学会以合理的思维方式代替不合理的思维方式。合理的思维一是作为机械员技术好、工作负责是工作要求，这不是有错误要求原谅的条件；二是自己喝酒耽误工作，领导给予批评并给予相应的惩罚是对自己的挽救。由于小韩的思维方式变了，情绪也好转了。

咨询过程中，咨询师对小韩的错误观念进行辩论，让他明白犯了错误只要改正，就是好同志，并不是非白即黑、糟糕至极，大家也不会因此看不起他。咨询期间小韩十分配合，但在给他布置作业时，有时会出现完不成的情况，说是工作忙没时间，实际上是他怕动脑筋，借故推辞，即出现了阻抗。经过耐心讲解，咨询师让小韩认识到写作业也是一种心理治疗的形式，通过写作业可以让自己学会分析思考，提高对问题的认知，使自己思考问题更加理性、认识问题更加深刻，可以更好地控制情绪，少犯错误。后来小韩说："我通过写作业，确实认识到自己对喝酒事件的认识有错误，我不光与领导吵了架，甚至还打了架，现在看来确实是不应该的事情，是不能正确认识自己、不能很好地控制情绪造成的。现在我对打架的事情已经有了比较正确的认知，加上前面的咨询，我已经对这件事完全释然了。"

后来又经过两次咨询，咨询师帮助小韩在遇到看不惯、想不通的事情时，学会站在别人的角度进行换位思考的情绪调控方法。另外教他遇到情绪不好、控制不住的时候，不要急着发表意见，要先停四五秒钟再说话，这样做才会有比较好的结果。后来小韩果然在处理许多事情时能够较为冷静，在控制情绪方面表现出十分显著的进步，并能以良好的心态与同事交往。第 9 次咨询时，小韩说前两天自己和另一位同事检修时，又一次发现发动机导管漏油，这次把立功的机会让给了这位同事。

3. 咨询后期（4 次咨询）

巩固前期治疗效果，使来访者进一步认识自己，知道自己的优势是什么，不足的地方是什么，学会情绪控制，善待自己周围的人，尊重自己该尊重的人。然后评估咨询效果。

效果评估

（1）来访者的自我评估：感觉经过这么长时间的咨询，自己好像长大了许多，以前忙忙碌碌，不知道自己该干些啥，日子过一天算一天。现在知道了自己工作的目标，学会了与同事相处的方法，处理矛盾时知道换位思考，能站在别人角度考虑问题，也学会了情绪控制，甚至把酒都戒了。

（2）来访者领导的评估：以前的小韩人称"一根筋"，遇事容易激动，爱喝酒，处理问题情绪化，现在的小韩学会了遇事先替别人着想、换位思考，这是一个不小的改变。原先他不爱与人交往，很少与别人交流思想，由于偏激经常不信任别人。现在的小韩变得开朗、活泼了，想不到心理咨询会有这么大的作用，让他转变了很多。

（3）咨询师的评估：来访者纯朴、认真，悟性好。咨询过程比较顺利，效果比较明显。咨询结束时，SCL-90 测评结果：总分 125 分、人际关系敏感因子 1.34 分、忧郁因子 1.21 分、焦虑因子 1.36 分、其他（睡眠、饮食）因子 1.22 分。测评结果正常。来访者睡眠状况很好，也戒了酒，与同事的关系融洽，工作上还经常受到表扬，达到了咨询目标。

参考文献

［1］严进，郭渝成. 常见心理问题及调节方法［M］. 北京：军事医学科学出版社，2011.

［2］郭念峰. 心理咨询师：基础知识［M］. 北京：民族出版社，2005.

［3］COREY. 心理咨询与治疗的理论及实践［M］. 8 版. 谭晨，译. 北京：中国轻工业出版社，2016.

［4］江光荣. 心理咨询与治疗［M］. 3 版. 安徽：安徽人民出版社，1998.

从想象到现实

个案介绍

小王，男，刚毕业工作 4 个月，毕业前他对工作的期待是稳定、有编制、升职。工作后他每天只是单调地写材料、值班，觉得既没有学到技术，也没有太多休息的时间。这与自己的想象有很大差距，于是他觉得非常失望和失落，产生了不想干、想回老家的念头，先后找同学、家人和单位领导谈心。单位领导非常重视他的情况，让同事与他及时交流，积极主动和他谈心，但他听不进去，思想状况没有太大的转变，仍然我行我素。小王心里就一个念头：回老家。后来他慢慢地发展到不和其他人交往接触，性格也变得非常内向，没事就一个人找个角落躲起来，比如，在单位库房、宿舍等场所，蹲下或坐在地上睡觉，不管外面的人怎么叫、怎么喊，他都不回应，如果同事把他找到了，他就笑一笑什么话都不说。

主诉

小王上高中时学习成绩不错，但是没想到高考时失误，没考上心仪的学校，到外地上了大学。毕业后小王希望能找到符合他期待的工作，可是工作之后发现，实际情况跟自己想象得太不一样了，每天都是枯燥无味的重复，而且时间还被安排得满满的，既学不到什么有用的技能，又没法安排自己的时间。理想和现实的差距让小王内心失落，感觉自己做的事情没什么意义，对自己未来发展没什么帮助，一直在后悔自己的选择，现在一心只想回老家再找出路。

成长经历

小王来自一个农村家庭，父母都是农民，在外打工。小王是独子，并且因为家中三代单传，从小父母和祖父母对他非常宠爱，无论他有什么样的要求，家人都会尽力满足。尽管家庭情况一般，但是小王并没有受到过太大的挫折，这种宠爱让小王养成了说一不二的性格。小王很聪明，虽然从小到大都比较贪玩，但学习成绩还过得去，如果发挥正常，考上一所二本大学应该没什么问题。但是小王自己一直有比较高的期望，总觉得自己应该是济世之才，要实现自己的理想抱负。

问题评估

小王目前虽然有些行为变化，如不愿跟人交往、经常自己躲起来，但是并没有典型的抑郁及其他精神障碍的症状，不想跟人接触就是因为心里烦，他的症状不符合精神障碍中的疾病诊断标准，是一般心理问题。究其原因，是小王远大的理想在骨感的现实面前遭遇了挫折。内心产生比较多的冲突，自己又不具备解决这些冲突的心理能力，因此有些自暴自弃，感觉自己无论如何努力，在部队都没有办法实现自己的理想，失望和失落让他放弃了努力，自我封闭。而小王的这些情绪和行为问题明显与他的不合理信念相关。比如，他认为："必须要实现自己的人生抱负，做不到的话我这辈子就全完了。"这种想法中包含明显的不合理信念——绝对化和灾难化的思维模式。

咨询方法及设置

咨询师综合分析后，觉得这个案例适合采用合理情绪疗法。因为小王的认知体系里面有很多不合理的信念，正是这些不合理信念导致他出现了情绪和行为问题。比如当他想复习功课而又被班长安排出公差时，他就会想："这下完了，我根本没时间复习功课，那我肯定考不上军校，那我还来部队干吗？"这里就有一个艾利斯提到的 11 种不合理信念中的一种：当事情不如意时，是很可怕的，也是很悲惨的。如果能够通过辩驳让小王认识到"人生不如意事十之八九"，一个人不可能永远成功，生活和事业上的挫折可以说是家常便饭，关键在于如何对待它，那么就有可能改变小王的情绪和行为。因此咨询师采用合理情绪疗法对小王进行心理咨询。咨询设置为 5 次，每次 50 分钟。咨询方式是面询。

咨询目标

通过调整不合理信念改善小王的情绪,调整行为,缩小理想和现实之间的差距。

咨询过程

1. 第1次咨询

咨询师详细询问小王目前遇到的困难,采集个人史,利用倾听、共情的技术初步建立咨访关系。在此过程中,咨询师发现小王存在典型的不合理信念,既有绝对化的要求,也有概括化和糟糕至极的想法。经过评估,咨询师认为小王适合采用合理情绪疗法,于是跟小王一起确定咨询目标,向小王介绍合理情绪疗法。

2. 第2次咨询

通过让小王讲述本周发生的一件事情,帮助小王一起分析事件产生的过程中A、B、C分别是什么,让小王知道引起其情绪困扰的并不是外界发生的事件,而是他对事件的态度、看法、评价等认知内容,是信念引起了情绪及行为后果,而不是诱发事件本身。因此,要改变情绪困扰不是致力于改变外界事件,而是应该改变认知,通过改变认知,进而改变情绪。只有改变了不合理信念,才能减轻或消除他目前存在的各种症状。由于引起情绪困扰的认知恰恰是自己的认知,因此情绪困扰的原因与自己有关,因此他应对自己的情绪和行为反应负责。比如:当一个事件A"想休息而他又被安排出差"发生,产生的结果C是:小王的情绪是烦躁和失望的,出差过程中也是消极怠工。小王刚开始认为,就是因为领导不理解自己,打扰了自己才让会有这些情绪和行为。通过不断地分析辨别,咨询师帮助小王了解到原来中A和C之间还有一个B,就是他的信念:当我没有按照自己的想法完成既定的事情,那会很可怕。在咨询结束时,小王学会了分辨 A、B、C。咨询师给小王留家庭作业,要求小王在下周遇到不愉快的事情时自己将事情写下来,并且分辨出A、B、C。

3. 第3次、第4次咨询

主要是与小王的不合理信念进行辩论。例如,针对小王的绝对化要求,咨询师直接提出以下问题："事情为什么必须按照你的意志来发展？如果不是这样，那又会怎样？"对于小王以偏概全的不合理信念，相应的提问可以是："你怎么才能证明你是个一无是处的人？""毫无价值的含义到底是什么？"针对糟糕至极的不合理信念，相应的问题可以是："这件事到底糟糕到什么程度？你能否拿出一个客观数据来说明？"另外，也采用苏格拉底式的辩论技术、合理情绪想象疗法等方式让小王逐渐理解自己的不合理信念是如何导致自己的无意义感和无价值感的。每次咨询结束之后，要求小王完成家庭作业，即 RET 自助表。

4. 第 5 次咨询

咨询师跟小王一起回顾咨询过程，巩固学习到的辩论方法。肯定小王在此过程中所做出的努力和获得的进步，鼓励小王在生活中保持觉察并不断进行自我辩论。

效果评估

（1）来访者自我评估：自己感觉无意义感和无价值感明显减少，情绪较前明显好转。愿意继续工作，并且找到了自己努力的方向。

（2）来访者领导的评估：小王目前能够积极参与单位组织的活动，跟同事的互动明显增加。

（3）咨询师评估：小王遇到自己情绪糟糕的时候可以采用 ABC 的方式与自己的不合理信念辩论，通过辩论让自己的情绪好转，并且对自己有新的认识。

参考文献

［1］阿尔伯特·艾利斯. 理性情绪行为疗法［M］. 郭建，叶建国，郭本禹，译. 重庆：重庆大学出版社，2015.

［2］阿尔伯特·艾利斯. 拆除你的情绪地雷［M］. 赵菁，译. 北京：机械工业出版社，2016.

［3］LYONS，WOODS. The efficacy of rational-emotive therapy：A quantitative review of the outcome research［J］. Clinical Psychology Review，1991，11（4）：357-369.

［4］MATWEYCHUK，DRYDEN. Rational Emotive Behaviour Therapy：A Newcomer's Guide［M］. Taylor&Francis Group，2017.

产后抑郁的小赵

个案介绍

小赵，女，自述产后出现入睡困难、早醒、心慌、气短、手抖、便秘等各种症状，整天胡思乱想，对孩子以外的任何事情都不感兴趣。在孩子断乳后，曾多次接受中医调理，效果并不理想，自我感觉症状逐渐加重，有时浑身发抖，直冒虚汗，失眠也越来越重，每天早早醒来，再也无法入睡，感觉整日昏昏沉沉的。她先后去多家医院就诊，效果均不理想。后来在一位医院工作的亲戚的建议下，去一家大医院精神科就诊，医生诊断为中度抑郁，给予来士普和劳拉西泮药物治疗。因害怕药物副作用，在服用抗抑郁和抗焦虑药3天后小赵自行中断，改服中药治疗。来咨询时各种症状均有所加重，内心非常矛盾，看着四家医院开得一大堆药，不知道到底该吃哪样药才好。在大夫的建议下，小赵和丈夫一起来咨询室进行心理咨询。

问题评估

来访者性格内向，平时不善交际，朋友较少，自述产前睡眠较差，产后丈夫外出培训，她一个人带孩子，逐渐出现心情低落、自卑自责等不良情绪，对各种事情提不起兴趣，生活处处被动，社会功能受损，持续时间3个月以上，同时伴有头晕目眩、胸闷气短等躯体不适。断乳后深受失眠的困扰而多次接受中药调理，效果不佳。后又赴多家医院接受西药治疗，效果也不理想。SAS、SDS测量结果显示来访者为轻度焦虑、中度抑郁。综合考虑该来访者是产后抑郁。

咨询方法及设置

咨询师综合分析后认为，对该来访者应以药物治疗和心理咨询相结合。鉴于认知行为疗法对抑郁症状的广泛有效性，以及来访者具有较好的领悟力，对自身情绪导致躯体症状有一定的觉察，迫切想恢复到良好状态，咨询方式就选择了认知行为疗法。经过和来访者商量，确定以门诊咨询和电话咨询相结合的方式进行咨询，来访者丈夫也参与并配合妻子一起参加咨询。

咨询过程

1. 咨询初期

以门诊咨询为主，主要方法是认知疗法，让来访者了解产后抑郁相关理论知识。药物未动，认知先行。来访者对产后抑郁有了科学的认识后，后续的保障等相关工作也随即展开，咨询师与来访者一起制定了一个切实可行的方案。这一步非常关键，如果认识不到位的话，来访者是不会接受药物治疗的，家人让她吃药，她也会拒绝。两次咨询后，来访者接受自己患产后抑郁这个事实，并开始服药。

2. 咨询中期

面询进行到 8~10 次时，来访者内心不合理的认知逐渐得到修正。咨询师同时辅助一定的行为指导使得来访者慢慢学会了分析和应对内心复杂的情绪感受，也逐渐从最艰难的状态中走了出来。咨询中，咨询师引导来访者，使其明白了严格遵医嘱服药的重要性。来访者早期对来士普这类抗抑郁药物是非常排斥的，咨询师讲明药物的疗效，并告知来访者需要两周的坚持服药期才能逐渐发挥作用，鼓励其坚持服药，来访者逐渐接受服药。来访者同时伴有焦虑症状，有各种各样的担心。咨询师让来访者找张大纸，用彩色粗画笔写下自己的治疗决心、每日的服药时间、服药数量及服药方法。同时，把每日该干的事情按照先后顺序醒目地书写出来，并签上姓名和日期，然后挂在家里醒目的地方，时时提醒自己。这种仪式性的行为，对于来访者建立正确的行为模式非常有帮助。咨询师鼓励来访者，只要能够按照计划表坚持 2~3 周，就可以养成一定的习惯，后续再继续坚持就会习惯成自然。让人欣慰的是，来访者丈夫愿意参与，在咨询师的支持下，丈夫表示理解妻子，会多陪伴和关怀妻子，争取做到无条件接纳妻子。在咨询期间，丈夫做到了每日把药物亲手送给妻子并监督其服药。

3. 咨询后期

面询第 10～16 次，主要目的是巩固并维持药物治疗效果，继续在来访者内心强化已经修正的认知。教会来访者学会觉察、接纳自己的情绪，支持来访者应对现实生活中的困境，同时讨论咨询结束的相关话题。来访者在日常生活中通过放松训练、运动出汗、晒太阳以及和家人朋友多沟通等行为训练，逐渐恢复了社会功能。在各项状态恢复正常后，来访者去医院进行了复查，根据医嘱逐渐减少药量，最终停止用药，恢复健康。

效果评估

（1）来访者自我评估：我现在终于从抑郁的沼泽地里走出来了，以前那种整宿整宿睡不着觉的痛苦终于没有了，头晕眼花、身体发抖的症状也不见了。现在心情好了，也爱干活了。战胜这个病需要很大的毅力，如果只靠自己真的很难走出来，且必须将心理治疗和服用药物一起进行才能有效，而且吃药必须足量、足疗程。那种无助无望、度日如年的痛苦终于被我甩掉啦！

（2）来访者丈夫反馈：咨询 3 周后，妻子逐渐开始好转，睡眠逐步改善，情绪越来越稳定，不再哭闹找事，越来越爱干活，不再像以前那么懒散。前两周真的太煎熬也太关键了，我们终于走出来了。以前对这个病不了解，我就知道跟妻子较真和讲道理，结果却适得其反。其实在她最困难、最痛苦的时候，家人的陪伴真的很重要。通过这次心理咨询，我确实相信咨询师的一句话：方法比努力重要。

（3）咨询师效果评估：来访者为产后中度抑郁，其自知力良好，沟通反馈及时，能够严格按照咨询方案稳步实施，家属积极配合且无条件关心和陪伴，咨询过程非常顺利。来访者两周后，病情开始出现好转，3 个月后，病情基本得到控制，开始减药，6 个月后停止服药。SAS 和 SDS 测评结果显示，其抑郁和焦虑症状明显好转。睡眠时间能保持在 7 小时左右，午休也可以睡 40 分钟左右。其心慌、气短、手抖、便秘等躯体不适亦基本消失，社会功能基本恢复。

　　两年后微信回访，其反馈原文如下："我现在恢复得非常好，家庭很幸福，个人事业小有成就。人们对这个病的认识还太低，一旦走进抑郁的沼泽，就难以自拔。现在回想一下，那个时候真的太无助、太痛苦，我真的是度日如年啊。这个病只要找准方向，坚持心理咨询和药物治疗双管齐下，是可以战胜和摆脱的。非常感谢你当初对我的帮助和疏导！"

重大事件引发的心理问题

"我不敢回家，因为我对不起妈妈"

个案介绍

小张，男，34岁，海军某部一名上士，身材魁梧高大，个性开朗、非常健谈。但小张最近总被睡眠问题困扰，于是前来咨询。

主诉

小张说近期一直睡不好觉，经常半夜在睡梦中哭泣，被妻子叫醒后，发现自己满脸都是眼泪，梦中的情形又记不清楚，自己总是会被这种难过的情绪笼罩。第二天还会沉浸在胡思乱想中，这样既影响工作，也严重影响了睡眠质量。还有，因为妈妈生病时没有在身边尽孝，也没见到妈妈最后一面，觉得妈妈肯定在怨自己，有很多话想和自己说。自己平时遇到问题第一个想到的还是找妈妈商量。每逢忌日和清明节，想到要扫墓，就会脸色煞白、胸闷气短、头晕目眩、全身无力，需要马上躺下，不然就会晕倒，眼泪也会像开闸的洪水一样涌出来，根本无法控制自己的情绪。自己不知是何原因，家人也很难理解。所以，母亲去世6年，自己都没能去坟前扫墓祭奠，特别自责，也特别害怕。此外，不敢回到父母的老宅，不想见到父亲，看到父亲就感觉恶心、反胃，但又很担心父亲的健康。总感觉妈妈走了现在家里的主心骨没有了，家也散了，不像家了。

成长经历

小张是家中的老二，自小他就是妈妈的跟屁虫，相对于哥哥，妈妈对他偏爱更多一些。从他记事起，妈妈就是一个有主见、能干、严厉的人，虽然她是农村的家庭妇女，没有工作也没有文化，但家中里里外外都是妈妈拿主意，就连亲戚、同村的邻居有事都愿意跑来和妈妈商量。并且，妈妈的孝顺在全村也是出了名的，妈妈和奶奶的婆媳关系非常好，小张从来没见过妈妈和奶奶吵架。奶奶去世前卧床了一年半的时间，妈妈每天坚持给奶奶洗脸洗脚，翻身擦身，尽心服侍。懂事的小张耳濡目染，也会学着妈妈的样子在一旁帮忙。妈妈对他和哥哥的家教非常严格，比如吃饭要有坐相，不能抖腿，出门见人要有礼貌，晚上出门必须9点之前回家，不然妈妈就会锁上院门，就连当兵以后也是如此。记得一次回家探家，和朋友聚会，9点之前妈妈就不断打电话催促回家。回来晚了，翻墙进院，妈妈也不给开门，只得在院子里过夜，从那以后再也不敢晚回家。哥哥的性格比较像妈妈，而他就会更依赖妈妈一些。虽然这么大了，也有了自己的家庭，还是两个孩子的父亲，但是一有什么事还是第一个想到要和妈妈商量，让妈妈拿主意。起初妻子对小张的这一做法很有意见，小张因此还和妻子提出过离婚，后来妻子也慢慢习惯了。但有时候小张又觉得妈妈管得太多，自己已经长大了还什么都管，所以也会和妈妈吵架。吵得最凶的一次，是8年前休假探家期间，假还没有休完，小张就提前返回部队了。后来听哥哥说，他走以后妈妈就生病住院了，因为哥嫂在县城工作，比较忙，只有爸爸一人在病床前照顾，后来爸爸也累倒了。

经历的重要事件

（1）8年前的那次探家，正值小张的大儿子即将出生，孩子出生后妈妈很紧张地询问孩子性别，当听说是男孩时，她很高兴。接下来，妻子出院后要到县城

141

的娘家坐月子，一方面，小张觉得妈妈还要照顾哥哥的女儿，再照顾刚刚出生的孩子太辛苦；另一方面，毕竟县城的条件比农村好很多。但是妈妈坚决不同意，执意要亲自带这个孙子。于是小张和妈妈出现了分歧，大吵一架后小张还是坚持让妻子和孩子回了娘家，自己假没休完就回了部队，家里人打电话说妈妈因此大病一场，住进了医院。

（2）6年前，小张出海执行任务3个月，在此期间基本无法与外界联系。船刚一靠岸，因为心中一直惦记着家中生病的老母亲，他马上给家里打了电话，妻子说，妈妈病危让他赶快回家。回到家中，只见妈妈的照片摆在客厅，他觉得眼前一黑晕了过去……醒来后，家人告诉他，在他出海执行任务后没多久，妈妈就去世了。他没有见到妈妈最后一面，觉得还有很多话没有对妈妈说。他认为，妈妈是因为他的不孝才走的。

（3）妈妈去世后没有多久，父亲又找了同村小12岁的女人并且带回了家，开始同居生活。这个女人和小张一家都很熟悉，哥嫂因此感觉很丢人，不再与父亲来往。小张长年在外服役，既担心父亲已经年老体弱的身体，又气不过父亲的所作所为。但是转念一想，父亲确实也需要人照顾。虽然自己心中也有不快，但还是默默地接受了这个现实。

问题评估

该案例属于居丧反应，病程较长，在特定时间和特定地点出现焦虑情绪，并伴有躯体化表现。SCL-90测评结果显示：躯体化因子2.5分、焦虑因子2.9分、抑郁因子2.3分、人际关系因子2.2分。小张从小在情感上比较依赖妈妈，妈妈是小张心中的主心骨。对于妈妈的去世小张一直不能接受并非常自责，认为妈妈生病、去世是自己造成的，妈妈生病期间自己也没有在病床前照顾，没有尽到做儿子的责任，妈妈去世小张也没有见到妈妈最后一面。回到父母旧居或者给妈妈扫墓的时候会晕厥过去，是内心的压抑情绪通过躯体化症状表现了出来。小张不能接受妈妈已经去世的事实，加上父亲在母亲去世后很短的时间又找了别的女人，小张虽然嘴上说为了有人能够照顾父亲身体可以接受，但是内心还是会排斥这种事情，从而出现恶心、想吐的躯体化症状。作为儿子，小张既没有接受妈妈已经离开了自己，也没有接受父亲又找了其他女人的事实。

咨询方法及设置

咨询师综合分析后，觉得这个案例适合用催眠及完形疗法。经过催眠测试和放松训练，咨询师发现小张的催眠敏感度较高，感受性很高，想象力也很好，个人解决问题的愿望十分迫切。咨询师较为擅长催眠及完形疗法，经和小张商定后，咨询设置为每周 1 次，每次 1 小时。咨询方式前期为面询，后期改为视频。

咨询目标

提升来访者自我觉察力，找寻症状背后的原因，使其逐渐接受妈妈已经去世的事实。

咨询过程

1. 咨询初期（3 次咨询）

此阶段主要任务是建立工作联盟，了解既往史，理解目前问题，决定优先处理的顺序。在咨询初期，该来访者只说睡眠不好。咨询师从来访者的梦入手，逐渐与来访者建立信任的咨访关系，从而建立较好的咨询联盟。

2. 咨询中期（10 次咨询）

在进入第 6 次心理咨询时，来访者对进一步的访谈极力回避、不愿深谈，明显是出现了阻抗。在第 6 次访谈后，来访者中断了咨询，并没有按照约定时间进行第 7 次访谈，提出想考虑一下，以后再来。在下一次咨询中，来访者说他特别想治好自己，还是决定继续进行咨询治疗，并主动说明了上次未能前来咨询的原因是感觉咨询师太年轻了，并且是女性，怕被笑话。当知道咨询师比自己年龄大的时候感觉特别有安全感，也愿意倾诉了。咨询师发现来访者谈及母亲时就会情绪激动，无法控制自己的情绪。咨询师根据来访者的状态提出给他做放松训练，后来发现其感受性很好，在放松训练中重新找回了内心的宁静，使自己焦虑的情绪得到了平复。咨询结束时，小张说："我从来没和别人说过这些事，现在我感觉你特别能理解我。"在随后的咨询中，小张表达了对妈妈的思念之情和心中的遗憾，咨询师引导他观察自己在谈到妈妈时的身体反应，觉察情感的内转，试图让来访者意识到这一点。建议来访者关注自己想起爸爸时抗拒的内心感受。咨询结束前，小张提出再给他做一下放松训练，因为上次做完后睡眠特别好，感觉自己也轻松了很多。

咨询师帮助小张分析躯体症状、焦虑情绪与睡眠问题背后的原因，让其理解某种强烈的情绪产生后，由于内心拒绝接受，会把它极力压制到潜意识中去："你不想接受这一现实，希望不再受这一情绪的困扰，然而，人的情绪一定要通过一个渠道疏泄出来。你的这一被压制的情绪则通过身体表达出来了，这就是心理问题躯体化。"小张感悟到这是由无法接受妈妈去世的现实，以及无法弥补未见到妈妈最后一面的遗憾的内心冲突导致的。在接下来的咨询中，咨询师给小张布置了作业，建议他给妈妈写一封信，把未来得及给妈妈说的话用书信的方式写下来，在下一次咨询时带来。咨询师提出用催眠的方式帮助他与妈妈进行仪式告别。在后期的催眠状态中，小张感受到了妈妈的温度，充分表达了被内转的悲伤情绪，想象了妈妈临终前的场景。这让小张有机会和妈妈进行告别，弥补了心中的遗憾。在后期的咨询中，咨询师按照计划解决小张与父亲之间的关系问题，利用空椅子技术，让小张想象与父亲进行对话。小张觉察到自己将母亲去世的悲伤情绪强加在了父亲身上。在后来运用空椅子技术咨询过程中，咨询师引导小张将自我内心冲突中关心与厌恶两个部分展开对话，当小张体会痛苦的感觉时，咨询师鼓励小张换个坐姿，重新体验自己的感受。经过这个阶段的工作后，小张的睡眠得到明显改善，并主动提出过两天回家探亲去看看父亲。

3. 咨询后期（4次咨询）

此阶段主要是结束咨询工作，巩固前期治疗效果，帮助来访者掌握更为有效的解决问题的技能和方法，评估咨询效果，同时帮助来访者减少对咨询和咨询师的依赖。

效果评估

（1）来访者自我评估：感觉能够慢慢地接受妈妈去世的事实，不再耿耿于怀，不会经常沉浸在对妈妈的思念之中，有想说的话时就会给妈妈写封信，这样情绪就会好很多，内心也会平静许多。后来在家人的陪同下，第一次给母亲扫了墓，此次也没有出现明显的躯体症状。晚上的睡眠也好了，再也没有在梦中哭醒的情况发生。与父亲的关系也缓和了一些，虽然内心不能完全接受，但是经常会开导哥哥和嫂子，并且感觉在开导他们的同时，自己也开始对这件事释然了。

（2）咨询师评估：来访者感受性和觉察力好，自我修通比较顺利，咨询效果比较明显。对母亲的情感遗憾逐渐消失，躯体症状明显改善，睡眠问题得到了解决。

参考文献

［1］杨凤池，张曼华，刘传新. 咨询心理学［M］. 2版. 北京：人民卫生出版社，2013.

［2］JOYCE，SILLS. 格式塔咨询与治疗技术［M］. 3版. 叶红萍，等译. 北京：中国轻工业出版社，2016.

［3］艾瑞克森，等. 艾瑞克森催眠教学实录［M］. 于收，译. 北京：中国轻工业出版社，2015.

［4］江光荣. 心理咨询的理论与实务［M］. 2版. 北京：高等教育出版社，2012.

怕黑的保安队长

个案介绍

王队长是一位在四川成都工作快 10 年的保安队长，他和其他志愿者已经奋战在抗震救灾一线 1 个多月了。他们是在地震第 3 天到达灾区的，他主动报名参加了地方政府组织的搜救队，在执行搜救任务大约 15 天后，其主要任务转为清理废墟、寻找及掩埋尸体。王队长在救灾中的勇敢表现受到了各级组织的表扬。但是最近一周以来，王队长感觉自己心理可能出了些问题，主动前来寻求帮助。

主诉

一周前，搜救队为改善伙食，炖了乌鸡汤。王队长端起汤来发现碗中飘着一只黑色的鸡爪，他突然感觉头晕、呼吸困难、心慌、紧张、担心，当时回宿舍休息后稍有好转。但随后渐渐发现，自己看到黑色的树枝、黑色的遮阳篷也会出现类似的身体反应。近两天来，王队长晚上不敢入睡，怕黑，甚至无法坚持值夜班，仿佛黑暗中总会有一只无形的手伸出来，这让他感觉疲惫不堪。10 天前王队长曾带领队员从废墟中挖出一具已经干枯的老太太的尸体。当时老太太的身体压在预制板下，只有一只胳膊伸向天空。因天热，上肢已经干枯发黑。当时他们成功地帮助老人的家人安置好尸体，完成了任务。王队长自己也很自豪，因为之前两个搜救小组都没办法把尸体挖出来。但是 3 天后吃饭时看到鸡爪，他忽然想起老太太干枯的胳膊，出现明显的躯体反应。

问题评估

该案例的症状类似焦虑障碍中的单纯恐怖症，又称物体恐怖症（恐黑）。由于王队长的恐怖症状持续时间只有 3 天，不能诊断为恐怖症，只能描述为单纯恐怖症状。王队长伴有明显的恐怖症状，症状类似恐怖症的表现，如恐怖对象刚开始为黑色的残肢，之后泛化为某些特定的物体或情景（黑色），看到黑色立刻可以促成害怕或者焦虑发作，并出现躯体症状。王队长对自身的不合理恐惧情绪有认识能力，试图克制但难以成功，有对恐惧对象的明显回避行为（未吃乌鸡爪），目前，由于怕黑，除对吃的方面有禁忌外，夜间睡眠还受到严重影响，次日执行任务无精打采。这种焦虑与黑色所引起的实际危险情境不相称。王队长有临床意义的痛苦，故来寻求心理帮助。

咨询方法及设置

咨询师综合分析后，觉得这个案例适合采用行为学派中的系统脱敏法进行治疗。系统脱敏疗法又称交互抑制法，不仅以经典条件反射学习理论为基础，而且也融合了操作条件反射的部分理论——斯金纳的正性强化和自然消退原则。因为王队长是一名工作多年的保安队长，自身领悟性与接受能力较高，加之仅为单纯恐怖症状的问题，时间仅 3 天，而且咨询师擅长行为治疗中的系统脱敏法。又由于王队长在搜救队再待 3 天就要离开当地，所以采用系统脱敏疗法中的快速脱敏法更合适。经和王队长商定后，咨询设置为每天 1 次，每次 50 分钟，预计 3 次。

咨询目标

消除王队长对黑色的恐怖，解决其焦虑、恐惧情绪和躯体症状，恢复其正常的睡眠和生活，使其能够完成正常任务。

咨询过程

1. 第1次咨询

主要是收集资料，了解病史，建立治疗关系，帮助王队长学习放松技术。放松训练有三种方式：呼吸放松法、肌肉放松法和想象放松法。

这里我们主要采用了呼吸放松法。让王队长坐在椅子上，两脚踩在地上，两只手放在双腿上，尽量选择一个让自己舒服的坐姿。缓慢地通过鼻孔呼吸，感觉吸入的气体有点凉，呼出的气息有点暖。吸气和呼气的同时，感受腹部的起伏。保持深而慢的呼吸，吸气和呼气的中间要有一个短暂的停顿。把注意力集中在自己的身体上，体会身体哪些部位是放松的，哪些部位还紧张，想象气体从那些部位流过，带走了紧张，以此达到放松的状态。待王队长学会了放松技术，咨询师告诉王队长回去后自己反复练习，直到完全掌握为止。

2. 第2次咨询

一般的系统脱敏法需要设立焦虑等级，然后逐级脱敏。由于当时抗震救灾任务的特殊性和时间的紧迫性，没有采用常规的逐级脱敏技术，而是采用了快速脱敏方法，直接进行想象脱敏。过程如下：先请王队长闭上眼睛，通过呼吸放松法让自己处于放松状态，接着让他想象一棵树的一生，即从一粒种子开始，我们把种子撒入大地，然后给它浇水，耐心地等待种子发芽。很快，绿色的小芽冒了出来，在晨风中摇曳。它吸取着阳光雨露的精华，慢慢长大了，成为一棵挺拔的小树。一年又一年过去了，这棵小树越长越大，树干越来越粗，逐渐长成了一棵参天大树，树叶茂密。夏天，孩子们在树下嬉戏，老人们在树下聊天。可是有一天，突然电闪雷鸣，一道雷电击中了树，树干燃烧了起来。想象到这里时，王队长的身体突然紧绷起来，呼吸急促。于是咨询师先停止了想象，让王队长用呼吸放松法放松自己的身体，直到完全放松下来，再继续进行想象。想象熊熊大火吞噬着树干，整个树干都快被烧完了，这时大暴雨下了下来，渐渐地把火浇灭了，只留下了黑色的枝干，直直地指向天空。这时王队长再次呼吸急促，身体轻微发抖，自述心慌、害怕。咨询师停止想象，引导王队长放松身体。完全放松之后再重新开始想象，直到想象看到黑色的枝干时王队长不再紧张，可以完全放松下来，结束本次咨询。

3. 第 3 次咨询

引导王队长想象那天在废墟中工作的场景。王队长在讲述场景的过程中，一旦出现紧张的反应，立刻指导王队长先完全放松，然后再继续想象。随着想象进程不断进行，一直到看到老人干枯的胳膊，王队长也不再感觉恐惧恐怖。整个咨询结束。

4. 注意事项

在训练和想象的过程中，不断地鼓励王队长，告诉他他做得很好。帮助王队长树立信心，增加他的配合度。在咨询过程中，要细致观察王队长的身体反应，一旦其出现紧张、呼吸急促、心慌、害怕的感觉就立刻停止想象。让王队长放松身体，直到身体完全放松，上述感觉完全消失再继续进行。

效果评估

（1）来访者自我评估：结束咨询后当天晚上就可以睡着了，一周后喝了一大碗乌鸡汤，还特意吃了两只鸡爪，没有出现任何恐怖反应。

（2）来访者周围人评估：王队长不再害怕值夜班，又恢复到之前的状态，当其他人太疲惫时，他还会主动替人值夜班。

（3）咨询师评估：来访者学习能力强，熟练掌握了放松技术，通过短期的咨询，达到了咨询目标，不再有恐惧黑色的症状。

参考文献

［1］CAPAFONS, SOSA. Systematic desensitization in the treatment of fear of flying ［J］. Psychology in Spain, 1998, 2（1）: 11-16.

［2］马丁·安东尼. 行为疗法［M］. 庄艳, 译. 重庆: 重庆大学出版社, 2016.

［3］罗晓路, 俞国良. 沃尔普: 行为治疗与系统脱敏技术的创新者［J］. 中小学心理健康教育, 2016（19）: 35-38.

［4］LEVIS. Foundations of Behavioral Therapy［M］. Taylor&Francis Group, 2017.

再见，天堂里的妈妈

个案介绍

白白，男，24岁，某核电站技师。身高1.73米，身上的工作服干净整洁，清洗得略显白色。听说上级部门组织的心理服务队来核电站义诊，白白抱着试试看的心态来到临时设置的心理咨询室。

主诉

白白说，他要说的是一件压在心底已经快一年的事情，让咨询师不要太吃惊。近一年来自己过得很辛苦，总是努力避免去想妈妈，因为身处管理严格的核电站，起初这个做起来并不难。每当周围的同事给家里打电话时，他都是找借口离开或者躲在库房默默抽烟。最近，他发现想要不想妈妈，压制悲伤难过的情绪，似乎变得很困难。说起来，时间过得真快，自己进入核电站工作快一年了，也意味着压在心底的这件事也过去快一年了，再过半个月就是妈妈离开一周年的忌日。这几天，他越是努力克制不去想念妈妈，妈妈的音容笑貌和那天的情景越是会浮现在脑海中。特别是睡觉之前，他总会想起过往，觉得自己其实是既期待又担心会梦到妈妈。

事情还得从那年8月说起，白白清晰地记得核电站打来的电话，告诉他审核通过可以来上班，妈妈开心地拥抱了他。次日，家里摆了酒席，邀请亲朋好友、左邻右舍一起庆祝。酒席之后，白白骑着摩托车载着妈妈去外婆家。在农村的乡村路上，微风吹着额头，嘴里吹着口哨，他能感觉到坐在摩托车后面的妈妈心情也是愉悦的，因为她的儿子终于如愿以偿成为一名国家核电公司的正式员工。突然，本就狭窄的乡村路上迎面驶来一辆大货车，因为要躲避货车，白白刹车太急了，摩托车直接冲进路边的树木绿化带。摩托车直直地撞到了大杨树上，车子翻滚，妈妈也翻了出去。白白隐约地感觉到，妈妈是从他的头顶翻滚出去，然后咚的一声撞在了另一棵树上的。货车司机立即拨打了120，把他们母子送往医院急救。白白身上只有一些擦伤，并无大碍，而妈妈终因伤势过重未抢救回来。在瞬间的天崩地陷之后，他竟然没有了更多的感受。出院后，白白立即就投入到工作中，也没有去给母亲送别，甚至都没机会给妈妈说一声"再见"。再后来，白白来到地处偏僻的核电站，接受紧张的工作程序训练和考核。在周围同事看来，他与大家一样，没有什么异常，只有他知道他是在努力使自己忙碌起来，避免空闲时想起这件事情。在最近几天，这种"妈妈是从自己头顶翻过去的"感觉越来越强烈了。

成长经历

白白的家在苏北的农村，说起来并不富裕，他是家里的独生子，爸爸妈妈夫妻恩爱，一家人相处得非常融洽。他与父母关系很好，虽然没有特别好的成绩，父母从未给他提出很高的要求，但是他自己一直非常努力，大学毕业后就通过层层筛选进入了核电站工作。

经历的重要事件

（1）在白白的记忆里，妈妈总是面带微笑，她跟邻居都相处得很好。妈妈非常关心他，他也非常爱妈妈。以前，一有什么烦恼，他都会向妈妈诉说，只要跟妈妈讲了，烦恼就会飘走，心情就会平静下来。

（2）白白的妈妈希望他能离开家乡出去闯荡，所以鼓励他好好念书，出去看看外面的世界，去经历山村之外的生活。白白一直觉得自己的妈妈很特别，她总是那么友好，那么有力量。

（3）最重要的事情就是妈妈的离世，最开始，白白怎么都不相信妈妈已经离世，现在有点相信她是真的走了。

问题评估

白白遇到的情况属于哀伤问题，表现出焦虑、担忧、回避等。所谓哀伤，也叫悲伤，就是当个体面对任何一种失去所引起的情绪反应，细小的失去会导致细小的哀伤，巨大的失去会导致巨大的哀伤。当白白在至亲意外离世时，本该感受到哀伤，但是白白那时并没有感受到，哀伤没有得到流畅的表达。原因可能是，相比压抑，接受妈妈离世，甚至说接受妈妈是因自己失察离世这个事实是非常痛苦的，相比之下，压抑能够缓解、逃避这种痛苦。因此，白白一直否认妈妈的离世，避而不谈妈妈与自己失察有关的离世。他采取的是暂时封闭悲伤、否认事实的方式，直到压抑逐渐无效，以及妈妈的忌日临近，他的哀伤以更加强烈的方式出现，只是这份哀伤延迟了一年出现。巨大的悲伤如果能够随着时间流逝，那这就是哀伤过程。此时需要做的就是帮助白白完成哀伤过程，让悲伤流逝，让他知道什么是真实，也就是让他接受母亲离世这个现实。

咨询方法及设置

综合分析之后，白白不仅在情绪上有累积的无处排解的悲伤痛苦的情绪，而且有对亲人未完成的事件，特别是没有参加葬礼，没来得及说一声"妈妈，我爱你！妈妈，再见！"这个案例适合使用空椅子技术。白白对自己的问题有清楚的认知和改变的动机，对心理咨询师较为信任，咨询师也擅长使用空椅子技术。经过给白白介绍空椅子技术的基本原理和方法，白白同意咨询师的建议。双方商定，咨询设置为4次，每周1次，每次50分钟。

咨询目标

本次心理咨询的目标是将内心积压、没有及时表达的悲伤、痛苦等情绪表达出来，使来访者接受亲人离世的事实，进而帮助来访者完成未完结的事件，即把自己内心想要对妈妈说却没来得及说的话表达出来。

咨询过程

1. 咨询初期（1 次咨询）

主要是收集资料、建立咨访关系、建立治疗同盟，以接纳、共情、积极关注的态度和来访者互动。该来访者有清晰的自我觉察和改变动机，咨询师在初期与其建立了较好的互相信任的咨访关系。

2. 咨询中期（2 次咨询）

此阶段主要是处理积压的负性情绪，特别是至亲离世的悲伤痛苦，帮助他完成一次哀伤过程。咨询中需要两把椅子，一把椅子放在白白面前，假定他的妈妈就坐在对面的这把椅子上。白白告诉妈妈："妈妈，我想你！"而后泪如雨下，"对不起！都怪我，如果我骑慢一点，就好了。我很想你！你离开了，我都没有送别，我不是一个好儿子！我悲伤、痛苦，更多的是内疚。"实际上，一次哭泣并没有真正地、彻底地消除白白的悲伤，但是对白白而言，这是一个很重要的过程。当他完成了这一部分，说明他接受了事实。白白说："是的，我的母亲已经离世，而且与我有关，这是很不幸的，我不再与这个事实较劲。"当他接受了现实，悲伤的能量就会获得释放，那他就可以真的去思考，自己可以为自己做些什么。

随后的一次咨询，咨询师跟白白重点讨论了妈妈的希望和白白的想法。白白开始思考自己要做些什么，说了许多想要对妈妈说却没来得及说的话。他提道："我在这里很好，很温暖，有很多人关心我。我会在单位好好表现，我会安心留下来。"白白将本来该跟妈妈讲的话通过"对话"的形式表达出来，其内心趋于平和。最后，他跟妈妈道了一声："妈，再见！"

3. 咨询后期（1 次咨询）

巩固前期治疗效果，使来访者进一步深入理解"丧失"以及如何排解由此产生的负性情绪。评估咨询效果，教会来访者在今后生活中遇到问题时应如何理解和分析。

效果分析

（1）来访者自我评估：压在心底的石头终于没了，自己感觉轻松了，如释重负的感觉很棒。睡前也不会思绪万千了，已经接受了妈妈因为自己离世的事实，现在内心有悲伤、有内疚，但更多的是感觉到了妈妈的爱、妈妈对自己的希望。卸掉了枷锁，心里轻松多了，一切都变得轻松，这种感觉真好。

（2）来访者室友的评估：白白晚上睡得安稳了，不会莫名其妙地流泪，也不再躲在房子里，话也多了，工作更加勤快了。

（3）咨询师的评估：来访者有清晰的自我觉察和改变动机，咨询过程比较顺利，效果也比较明显。咨询结束时，来访者睡前不再有担忧，也不怕做噩梦，不再莫名其妙地流泪。咨询结束时，谈及妈妈时来访者眼圈微红但不会泪如雨下，能够平和地讲述妈妈在世时的事情。

参考文献

［1］迈克·博克斯霍尔. 空椅子［M］. 沈凌，译. 南京：江苏凤凰教育出版社，2015.

［2］杨凤池. 分析体验式心理咨询技术［M］. 北京：人民卫生出版社，2015.

［3］SOMMERS-FLANAGAN J，SOMMERS-FLANAGAN R. 心理咨询面谈技术［M］. 4版. 陈祉妍，江兰，黄峥，译. 北京：中国轻工业出版社，2014.

"另类"的烦恼

个案介绍

小石，男，22岁，仓库管理员。个头不是很高，清瘦，少言寡语，很少被人注意。因皮肤白皙，说话慢条斯语，让人觉得他是一个十分文静的小伙子。但是让人不可思议的是，他工作以来时常与人吵架，有时候还大打出手。小石还时不时自言自语，说些让人不明白的事。时间长了大家都认为他是一个奇怪的人，甚至认为他有精神问题，把他列入"另类"，小石为此十分烦恼。

主诉

小石很委屈，说："谁不想与人搞好关系，有一个舒心的环境，可不知为什么，自己遇见看不惯的事儿就想说。如有一次有人拿仓库的东西，可拿出去了又不拿回来，我看不惯；还有些人更可恶，把公家的东西用完了也不及时拿回仓库，随便丢在外面真可惜。"小石脾气很倔，常常因一点小事儿就与人发火，大家对他都有看法。他感觉很痛苦，想改变这种状态，于是来寻求心理咨询。

成长经历

小石出生于南方城市，是家里的独生子。父母在城里开小杂货店，维持一家的生计。小石在很小的时候就跟着爷爷、奶奶一起生活。到了上学的年龄，小石才回到父母身边，但父母仍忙于生意没有更多的时间陪伴他。平时小石自己上学，与家人交流不太多，父母也没什么文化，在学习上也帮不了他。小时候的他

155

体弱多病，而妈妈是一个比较粗心的人，平时对他缺少关心，或者说对他的吃穿都不那么上心。长年的营养缺乏，使小石长得比同龄孩子都瘦弱，还经常生病，以致小石在同龄孩子中无论干什么都显得文弱自卑。小石的父亲比较专制，脾气不好，经常因一点小事就发火，总是喜欢把自己的意愿强加在儿子身上，因而小石的性格也有些叛逆。为了能上一个好一些的学校，他非常努力地学习，但由于学习压力大，他常出现一些记忆力下降、睡眠差的症状，别人花一个小时就能完成的作业，小石则要花比别人多的时间去完成，加上体质差、精力有限造成学习障碍，最终没考上市里最好的高中。他总是说，自己费了那么大的心血读了两年的初三，目的就是想让自己的成绩好一些，结果还是上了一般的高中，他为此常有一种失落感。上高中要住校，已经 17 岁的他还没有一点独立生活的能力，头一次离开家，感觉周围特别陌生，无所适从，心里特别郁闷，虽然特别想学习，把成绩提上去，但成绩总是不理想。上高二时，小石感觉精神和体质变好了一些，又注意加强营养，个头比以前高了，体质也较以前壮实了。在学习上又努力尝试了半年，但结果还是学不进去，于是就放弃了考大学的想法。虽然没考大学，但小石也有让自己感到自豪的事情，就是他喜欢读书，尤其在心情不好时，常用读书来消除自己内心的焦虑，比如喜欢读《青年文摘》《读者》等杂志，这让他受益匪浅。他说看书不光能用知识充实自己孤独的心，还让自己视野开阔，内心充满了力量。

父亲觉得他身体比较瘦弱，想让他加强锻炼，小石本人也同意。高中毕业后做仓库管理员，小石一直都觉得不适应，因为体质弱、体能差，经常有工作完成得不到位，常因动手能力弱，受到领导的批评和室友的嘲讽。有时候要面子，常因一点小事与其他人起争执，于是就形成了恶性循环，越要面子、越没面子。小石常因此而不服气、生气，成了大家眼中的"另类"。他常感叹："我把什么脏活、累活都干了，也没人肯定我，我感觉没有存在感和价值感。"

经历的重要事件

（1）小石虽然是独生子，但没有感受到很多的母爱或父爱，他总是感觉父母对自己不太关心。由于营养跟不上，自己比同龄孩子长得都瘦小。别人家的孩子想要什么父母就给什么，想吃什么就买什么，而自己是想吃什么不给什么。在四五岁的时候，有一天他想吃海鲜，母亲却让他吃肥肉，不吃就硬逼着吃。像这样的事情经常有，周围的邻居都说他长得没精神、缺乏活力。连想吃的东西都吃不上，会长得壮、长得高吗？

（2）说起父亲，小石也是一脸无奈。也不能说父亲不关心自己，要不然自己也不会长大。但要说是十分关心也不是。这么多年，父母亲是靠做小生意养家糊口，也不容易。父亲是他们家的独子，脾气不好，经常无缘无故地打自己，也不说他错在哪里，为什么打。在小石的眼中，父亲是一个经常把自己意愿强加在他身上的人，是一个十分专制的人。谈及父母的关系，小石说他们文化水平也不高，经常为一点小事就吵架。

（3）小石刚到单位时遇到一个他认为经常欺负他的队长，其做法让小石十分受伤。"有一次点名的时候，不巧的是，我正好站在蚂蚁窝上，因为穿的是拖鞋，被蚂蚁咬了脚，当时脚很痛。队长让我穿着拖鞋过来，我没马上穿，他不问青红皂白就对我大吼大叫，我当时就受不了，与他打了起来……我是这么想的，自己虽然是新人，但作为队长你要尊重我的人格，做人要留有余地，大吼大叫、为所欲为，是什么作风？"小石这么说："我要不反抗，矛盾就会越积越深，出现更大的问题。"由于敌对情绪严重，小石甚至准备了小刀来防身。但是后来，这位队长还是用别的方式对小石进行了惩罚，比如让他值了两个星期的夜班。由于每天晚上都值班，小石感冒发烧了好几天。这件事总是让小石耿耿于怀，使他从心里认为队长很可恶。

（4）小石来咨询时特别讲了他前两天遇到的事情。"在仓库装卸电池的时候，队长把一块旧电池给我，让我装上，我从来没装过，但是想试一试，就装上了，结果没装好，造成电池液外泄，电池报废。好在是旧电池，可以更换新的电池，所以没有造成重大损失。"但出人意料的是，队长当着许多人的面把小石狠狠地批了一顿，在众目睽睽之下，小石心里别提有多难受了，说："一点面子也不给我留！"

（5）单位领导的描述：小石是一个性格内向、单纯、敏感、自卑感和自尊心特别强的人。他很要面子，脾气又十分倔。他服的人，让他干啥都行，讲义气，重情谊，为人朴实，有好东西知道与人分享。他感觉对他不好的人，从心理上就开始厌烦。对自己要求严格，不抽烟、不喝酒，非常自律，认真负责。领导说："我知道他的脾气，所以从不在公开的场所批评他，他也很依赖我。但他的动手能力弱一些，让他干事儿，就一定要有耐心。"

问题评估

该案例属于人格因素引起的人际关系问题，来咨询时来访者伴随主要的情绪症状有情绪低落、兴趣减退、回避社交环境、焦虑不安、紧张恐惧、容易激惹、对未来没有信心、自我评价降低。思维方面的问题有思维能力减退、注意力不集中、记忆力减退、工作效率降低等。来访者睡眠状况中等，人际关系较差、交往技能不足，对人恐惧、敌对，自信心不足，对工作、生活和学习的适应情况一般，对疾病的认识与自知力良好。其社会功能有一定程度受损。

16PF 量表结果：乐群性 3、聪慧性 5、稳定性 4、恃强性 6、兴奋性 5、有恒性 6、敢为性 8、敏感性 10、怀疑性 7、幻想性 7、世故性 4、忧虑性 4、实验性 7、独立性 7、自律性 5、紧张性 8、适应与焦虑性 6.2、内向与外向性 5.9、感情用事与安详机警性 2.9、怯懦与果断性 8、心理健康因素 19、专业而有成就者的个性因素 54、创造能力个性因素 107、在新的环境中有成长能力的个性因素 22。

焦虑状态/特质问卷：焦虑状态 49、焦虑特性 50。均是无焦虑状态倾向。目前没有明显的焦虑感受。

交往焦虑量表总分 30 分，为中度。提示：求助者在交往中有中度的焦虑感。

社会回避及苦恼量表：回避 7，轻度；焦虑 6，轻度。提示：在社交中有轻度的回避行为和轻度的焦虑感。

该案例属于偏执性人格障碍引起的人际关系问题。小石幼年时父母就在外做生意，无暇对小石在身心成长上给予更多的关心，他一直由爷爷奶奶照顾，在小石七八岁时才回到父母身边。这无疑对小石的身心成长造成了一定的影响。现代心理学研究显示，孩子的安全感来自母亲，而价值感则来自父亲。母爱细腻、温柔，在母爱中男孩能得到满足感；而父爱博大、粗犷，在父爱中男孩能找到方向感。7 岁以内是孩子人格形成的关键时期。其父脾气不好、比较武断，母亲又比较粗心，因而在其性格形成的关键时期父母的爱是缺失的，加上父亲对他的专制，都是造成小石人格缺陷的原因。小石工作后，到了一个陌生的环境，其强烈的自尊心和过度的自卑感，总是让他融入不了集体。加上又遇到了管理方法简单的队长，因其管理方法的粗暴使小石陷入情绪失控、自尊受到挑战的境地。小石本身就容易对别人进行猜疑且看问题又比较偏执，对受到的挫折和遭遇会过度敏感，对侮辱和伤害不能容忍和宽恕。加上小石身体比较瘦弱，干活经常会力不从心，动手能力也比较弱。这时候有些人会说些难听的话，却也不是有意为之，但由于自卑，小石会对别人的好意产生怀疑，误将别人的中性或友好言行当作是怀有敌意或轻视自己，所以小石为了维护自己的尊严，会不顾及场合、地点与人争论。比如说队长的管理，其方法确实有简单粗暴之嫌，却也未必就是专门针对小石或看不起他，过度的自尊心使小石特别在意别人对他的评价，稍感有损自己尊严，就会有过激的反应，甚至大打出手，以维护自己的自尊。因为自卑，小石有时会高估自己，对自己的问题认识不足，总认为自己是怀才不遇，是别人在压制他，因而总是与别人争吵；由于干什么都不自信，遇事总是往坏处想，结果总是在焦虑、恐惧中生活。小石虽然小时候由爷爷奶奶带大，在其人格形成关键时期会对其有一定影响，但爷爷有点文化，字写得不错，这在一定程度上也帮助了小石，使他在心理脆弱的时候，还能感觉比起别人自己有较强的文学素养，并引以为傲。

咨询方法及设置

咨询师综合分析后，觉得这个案例适合采用合理情绪疗法和行为疗法。因为小石对于信得过的人是愿意听取意见改变自己的，而且小石本人悟性也不错，所以与小石商量后，咨询设置为每周1次，每次50分钟。咨询方式是面询。如临时有事可另约时间。

咨询目标

短期咨询目标是解决焦虑与生理症状，恢复正常的心态，能与身边人尤其是与单位的人正常相处。长期目标是理解症状背后的原因，逐渐消除其自卑感和恐惧感，使其增强自信，做到能与人和睦相处，提升自己，促进自我成长。

咨询过程

1. 咨询初期（4次咨询）

此阶段主要是要收集资料、建立咨访关系、建立治疗同盟。咨询师要以接纳、共情、积极关注的态度和来访者互动。该来访者的特点是比较爱看书，内心比较敏感，对其信任的人会真诚相待，率性、纯真。在初期咨询师与来访者建立了较好的互相信任的咨访关系，也与有关的单位领导建立了治疗联盟。

2. 咨询中期（咨询20次）

此阶段主要让小石找出自己的不合理信念，识别自动化思维，找出自己存在的问题，从而帮助其学会增强自信心和情绪控制的方法，让其主动做出行为调整。小石是个比较守时的人，对咨询师很信任。在咨询初期，咨询师向小石讲解了RET（合理情绪疗法）的基本理论模型（ABC模型），它是RET理论和实践的核心所在。它可以帮助我们理解来访者的感受、想法、事件和行为（Wolfe，2007）。A是既存的事实、启动性的实践或是个体的行为或态度；B是个体对A的信念；C是个体的反应或是个体情绪与行为的结果，个体的这种反应既可能是健康的又可能是不健康的。A（诱发事件）并不是导致C（情绪结果）的原因，相反，B才是C（个体的情绪反应）的根源所在。

咨询师让小石根据这个理念，找出他在与同事交往中有哪些不合理信念导致其与同事交往总是出现问题，帮助他分析认知不合理信念的三大类：

一是绝对化要求。对事物的绝对化要求是指个体从自己的意愿出发，认为某一事物必定要发生或不会发生的信念。该信念常与"必须""应该"这类词联系起来。RET就是帮助他们改变这种极端的思维方式，而代之以合理的思维方式，以减少他们陷入情绪障碍的可能性。这种治疗可帮助人们认识这些绝对化要求的不合理、不现实之处，并能帮助他们学会以合理的方式看待周围的人和事物。

二是过分概括化。这是一种以偏概全的不合理思维方式的表现。表现为对自己、对他人两方面的不合理的评价。世界上没有十全十美的境地，每一个人都应该接受自己和他人是有可能犯错误的人类的一员。

　　三是糟糕之极。糟糕之极是指一种认为如果一件不好的事发生将是非常可怕、非常糟糕的，甚至是一场灾难的想法。这种想法会导致个体陷入极端不良的情绪体验，如耻辱、自责、自罪、焦虑、抑郁、悲观等的恶性循环之中而难以自拔。该信念常常与人们对自己、对他人及周围环境的绝对化要求相联系而出现，即在人们的绝对化要求中认为"必须"和"应该"的事物并不如他们所想的那样发生时，他们就会感到无法接受、忍受这种现实，认为事情的发展糟糕透了。小石想了想觉得自己是有这个问题，就是总喜欢找别人的毛病，出了问题都是别人的问题，从没在自己身上找原因。小石认识到这就是绝对化要求。

　　咨询师鼓励小石去和自己的那些自我挫败性的信念进行对抗，从而用合理的信念替代他原有的"必须""应该""过分概括化"和"糟糕之极"的不合理信念，用合理的思维方法代替不合理的思维方法。

　　通过合理情绪认知疗法，小石开始认识到自己身上存在的问题，并以积极的态度与身边的同事交往，渐渐地他感受到同事之间的温暖，心理上不再对别人那么挑剔，与同事的关系也得到了改善。尤其是在与队长产生矛盾时，也能站在别人的角度来思考问题，比如那次队长为什么会在公众场所批评他，他对此有了新的认识：因为他是队长，要对大家有个说法，并不是故意当众让我出丑，那是他在行使他的职责。小石说，站在队长的角度想想，电瓶坏了也是一件比较大的事，队长也很着急，在公开场所批评一下他，也是可以理解的。据说，后来队长十分耐心地教小石如何装电瓶，帮助他学会了这门技术。从这以后他就十分佩服队长，干啥都听队长的，他们也成了十分要好的朋友。

　　因人格问题引起的情绪问题想要在短期内改变并不是一件容易的事情。小石很愿意改变自己情绪不稳、容易激动的状态。之后的咨询，咨询师除了用合理情绪疗法改变其对一些事情的不合理信念外，还教会小石正确地运用放松疗法中的身心放松法和呼吸调节法进行情绪调节，使他在情绪稳定的情况下处理与同事的关系，因而也减少了小石很多冲动性行为，这让大家对他的看法有所改变。对小石来说，自信心的建立也很重要，很多情况下，他自卑，又很要面子，在与人交往时，产生的焦虑感和恐惧感都是源于他幼年的心理阴影——没有安全感。他非常希望得到他人的认可，过度的自卑让他总感觉人们看不起他，因而在行为上表现为对他人大吼大叫，以引起人们对他的关注。所以对小石要进行自信心的训练。所谓自信训练，就是由咨询师扮演来访者不敢接触的人，引导来访者发表意见，使其把长期压抑的情感、态度和想法，不论是肯定的还是否定的都表达出来，以达到心理平衡。自信训练是一个比较难坚持的训练，在实施过程中，小石也露出畏难情绪，但在角色扮演过程中，他做得比较好，能够很快进入角色，体验不同角色对不同情景的反应。因悟性很好，小石基本完成了这个训练。这一阶段的训练，使小石在这一过程中主动模仿学习新的行为方式，如主动与人交流、换位思考、情绪控制等。自信训练不仅帮助小石学会用语言表达自己的情感，而且帮助他学习非语言的表达方式，从而学会以正确的方法与他人交往、相处，提高了小石与人交往的能力，增强了其自信心。

3. 咨询后期（咨询 4 次）

巩固前期治疗效果，使来访者进一步深入理解合理情绪疗法的功能。评估咨询效果，教会来访者在今后生活中遇到问题时应如何理解和分析，同时教会其与人相处的技巧，让其学会如何与人建立信任的关系。

效果评估

（1）来访者自我评估：经过咨询治疗，知道自己在对他人和自己的认知上出现了一些问题，尤其是长期的自卑感，导致自己分不清是谁出现了问题。现在清楚地知道应该怎么做才能提升自我，才能克服自卑感，增强自信心。增强自信带来的是对自己的全面接纳，好的方面如自律、自爱、自尊；不足的是要自尊，但不是盲目自尊，要想别人尊重自己，首先要尊重别人，要想别人接纳自己，首先要接纳别人。

（2）来访者领导的评估：经过心理咨询治疗后，小石思想的进步和行为上的改变是十分明显的。他原本就十分单纯，对工作有一股子钻劲，现在相比以前能够妥善处理一些人际关系问题，对自己的认识比以前更加全面，遇到事情不那么爱钻牛角尖了，也能与多数同事友好地相处了，这十分难得。希望来访者能从自卑的心理阴影中走出来，认真地钻研业务技术，学会全面看问题。

（3）咨询师的评估：来访者悟性不错，教授的情绪控制及调节方法来访者基本能掌握，想改变自己的动机比较强，咨询过程比较顺利，效果也比较明显。咨询结束时，测评结果正常，交往焦虑量表总分 20 分，提示来访者在交往中没有焦虑感。

社会回避及苦恼量表：回避4、焦虑3，提示来访者在社交中没有回避行为和焦虑感。来访者自信心增强很多，与别人交往时已不感到害怕，敢于正视自己的缺点和不足，在与人交往中变得勇敢和自信。但人格的改变是一个长期的过程，如果时间允许还可以进行巩固治疗。

参考文献

[1]严进，郭渝成.常见心理问题及调节方法［M］.北京：军事医学科学出版社，2011.

[2]郭念峰.心理咨询师：基础知识［M］.北京：民族出版社，2005.

[3]COREY.心理咨询与治疗的理论及实践［M］.8版.谭晨，译.北京：中国轻工业出版社，2016.

[4]江光荣.心理咨询与治疗［M］.3版.合肥：安徽人民出版社，1998.

总是怀疑自己得了艾滋病

个案介绍

杨某，男，36岁，公司职员。自述在一次出差过程中，认识了一位异性朋友，两人发生关系后，杨某感觉下体不适，随即质问对方是否有性病，对方给予坚决否定。但是杨某还是不放心，他怕自己染上性病，随即到医院做性病检查，医院排除了淋病、梅毒、艾滋病及生殖器疱疹的可能性。杨某回单位后因担心被传染，便上网查阅各种性病资料。一次在看到艾滋病的介绍后，他感觉自己的症状跟艾滋病最像：艾滋病患者舌苔上会长白斑，他照镜子伸舌头检查几次，发现自己的舌苔确实很白；网上说艾滋病患者早期表现有淋巴结肿大，他发现自己的胳膊、大腿根及下巴底下都能摸到肿大的疙瘩，再加上龟头红肿和尿刺痛等不适症状，他感觉自己一定是得了艾滋病。随后杨某就开始了漫长的看病过程，县、市、省三级医院及各级疾控中心，他基本上都去过，尽管没有一家医院检查出阳性结果，但他仍然感觉自己得了艾滋病。在事后的最初几个月，医院检查结果均是阴性，但杨某考虑自己在"窗口期"，化验可能根本查不出来；几个月后，各大医院的检查结果还是阴性，可是他从网上看到过有关报道，说个别艾滋病会有HIV抗体假阴性的可能性。现在杨某几乎每天都要照镜子检查自己的口腔以及用手触摸自己的淋巴结。随着时间的推移，他发现胳膊上的疙瘩在他的触摸下，真的变得越来越大。因此杨某认为自己真的得了艾滋病，他变得越来越恐慌，觉得最对不住的就是妻子和孩子，他怕把艾滋病传染给她们，想尽各种方法和妻子保持距离，夫妻关系出现了严重的危机。杨某的工作也受到了极大的影响，主诉自己根本静不下心来，上班的时候总是感觉身体各种不舒服，手总是控制不住地反复触摸体表的淋巴结，工作经常走神，业务上经常出现纰漏。半年下来，杨某感觉自己实在是受不了了，因此来咨询室进行心理咨询。

问题评估

　　来访者已经成家立业，一次不洁性生活史，让其陷入"恐艾"的漩涡。反复检查舌苔及淋巴结等可疑体征，尽管经过多次检测排除了艾滋病的可能，但他还是给自己贴了个艾滋病的标签。由于来访者对自己要求非常严格，他每次检查完自己的身体，都会发现有一些异常情况，然后他都会把这些异常情况和艾滋病联系起来。他千方百计要查出自己是否"患艾"，于是他就在不同的医院反复检查，最后搞得身心俱疲，严重影响到自己的工作和生活。这种状态持续时间达半年之久。咨询师综合分析之后，初步考虑这是一例由不洁性生活导致的艾滋病恐惧症。

咨询方法及设置

　　咨询师根据来访者明显的强迫症状，经过和来访者商量，选择认知行为疗法结合森田疗法，咨询方式以门诊咨询和电话咨询相结合，每周 3 次，每次 50 分钟。

咨询过程

1. 咨询初期

　　第 1~6 次咨询，以门诊咨询为主，主要通过共情、倾听、理解来访者艰难的处境，分析不合理认知。来访者由于自己的一次错误，就陷入了自责和疑病的漩涡，不能自拔，这种精神交互作用，使其钻入了思维的死胡同，医生的各种检查和解释对其基本无效。因此咨询师就利用来访者喜欢上网查资料的特点，建议其进入艾滋病患者论坛，让他询问艾滋病患者是如何看待他的问题的。两周的时间，来访者访问了多个艾滋病论坛，结果都是一样：他都从论坛里被踢了出来！因为他的 HIV 检测结果是阴性，艾滋病患者的诊断必须得是 HIV 阳性，没有这一诊断的金标准，论坛里的患者都不想让他在艾滋病患者群里瞎掺和。艾滋病患者对他的反应让他彻底明白：他的问题看来真的不是得了艾滋病，而是其他的问题。这是最关键的一步，只要打开心结，病就好了一半。医生不能解决的问题，有时候患者可以帮助解决，咨询时，方法有时候比努力重要。

2. 咨询中期

第 7~18 次咨询，针对来访者偏执的想法和内心复杂的感受，探索、转化来访者的核心信念。来访者是一个完美主义者，凡事喜欢弄个水落石出，当其意识到自己真的不是艾滋病时，他依然非常苦恼，他仍然会有各种各样的疑惑，比如为什么会感觉四肢皮下的疙瘩会越捏越大，越捏越痛；为什么有时会感觉下体有烧灼感；为什么有时感觉冠状沟有点发红；为什么舌苔有时会发白；等等。总之，这一阶段，来访者会出现一些躯体性不适，并且会产生各种不好的想法或者问题，越去控制，问题越重，反而适得其反，这是其精神交互作用的结果。如何从"牛角尖"里钻出来呢？结合森田疗法，两个月的时间让来访者学会"顺其自然，为所当为"，不与自己的躯体不适做斗争，不为急于解决躯体问题而费脑子，带着症状生存，该干啥干啥，时间会抚平一切。当来访者不再关注自己的身体，他自己所谓的各种问题也就逐渐不是问题了。

3. 咨询后期

第 19~24 次咨询，主要是解答来访者次生的其他问题，协助来访者在现实生活实践"顺其自然，为所当为"，讨论来访者在咨询中的收获。通过布置作业的形式，让来访者在实践的同时，记录自己在咨询中的体会，每周来访者都会写一篇自己的总结，通过微信方式发送给咨询师。通过几个月的跟踪，其认知关注点逐渐由病向人转变，书写的过程也是认知改变的过程，认知改变，行为会跟着改变，这才是咨询的最终目的。

效果评估

（1）来访者自我评估：现在已经不再没事就检查自己的身体了，也基本不去医院了。以前做的错事，曾让自己非常内疚和难受，由于这种事难以启齿，半年时间里自己快变成强迫症患者了。通过心理咨询，自己认识到接受事实、顺其自然、不必纠结、为所当为的重要性。现在自己已经不再像过去那么痛苦了，工作和生活又重新回到正常轨道。

（2）咨询师效果评估：来访者为"恐艾"患者，自知力良好，沟通反馈及时，能够严格按照咨询方案稳步实施。其反复检查身体，不断去医院检查的行为得到彻底改变，社会功能恢复良好。

——— 第七章 ———

其他心理问题

头痛多年的男子

个案介绍

老夏，男，40岁，某部门领导。头痛反复持续发作四年多，在单位职工医院经过多次检查，未发现器质性病变。头痛时，吃索米痛片稍可缓解。头痛总是伴随着工作出现。工作任务越急越重要，头痛就越剧烈。在听完一次心理课后，偶尔跟心理医生聊天谈到了自己的症状，心理医生建议去做心理咨询。

主诉

老夏头痛四年多，曾经反复去医院检查身体，都没发现异常。刚开始老夏觉得这并不是什么大问题，可是反复就诊依然无法痊愈，他变得越来越担心，害怕自己得了什么无法医治的怪病，现代的医疗手段还没有办法做出诊断。老夏跑遍了所在城市的所有医院，也花了不少钱。甚至每次出差到其他城市，一完成出差任务，他想到的第一件事就是去医院检查。这种头痛已经严重地影响老夏参加各项重大的工作。头痛最开始出现是四年多前，当时老夏担任一个部门领导，工作任务非常繁重。在一次大型工作开展的前三天家里打来电话，说老父亲不幸遭遇车祸，病情危重。但由于工作刚开始筹备与展开，老夏当时无法离开现场。工作完成之后回到家里，父亲已经去世，被其他的亲戚安葬了。当老夏再次回到单位，准备接手另一项重要工作的前一天晚上，忽然感觉头剧烈地疼，他当时没在意，吃了两片索米痛片，就睡觉了。之后，头痛变得越来越严重，而且每次都是在接到新的工作任务之前，他只要一听到有新工作任务的消息，就开始头痛。

成长经历

老夏家在农村，家中生活条件非常差，母亲在他不到 2 岁时就因病去世，是父亲一个人把他拉扯大的。为了更好地带他，父亲一直没有再婚，把所有的心思和爱都投注到老夏身上。父亲对他严格又慈爱，既当爹又当娘，他跟父亲的感情非常深厚。老夏从小就是一个懂事、听话的孩子，学习成绩很好，上小学时一直是班里的班长，年年被评为"三好学生"。高中毕业后，老夏以优异的成绩考上了大学，后来被分到政府部门工作。老夏刚开始在基层工作，工作三年后就因工作出色被选拔到领导机关工作。进入机关后，老夏对自己要求更加严格了，经常加班加点、废寝忘食地工作。平时生活中，老夏也是一个对自己要求非常严格的人，他虽然比较内向，不太爱说话，但朋友可不少。但是在跟朋友相处的过程中，老夏总是为别人提供帮助，当自己遇到困难时则很少向人求助，总是靠自己的努力克服，从来不给同事领导添麻烦。老夏年纪轻轻就已经获得了多项荣誉，是单位重点培养对象。

问题评估

老夏目前主要表现出来的是躯体疾病，即反复发作的头痛，对于症状迁延不愈感到焦虑，放心不下。SAS 得分 65 分，SCL-90 测试得分：躯体化因子 3.75 分、焦虑因子 2.87 分。虽然焦虑因子分值和躯体化因子分值较高，但是，对照诊断标准，来访者既不符合精神疾病诊断标准中的焦虑症诊断，也不符合躯体形式障碍的诊断，因此考虑是一般心理问题。而来访者问题的出现有非常明显的诱因，就是父亲的去世。由于来访者从小由父亲养大，与父亲感情深厚，当父亲突然遭遇车祸不幸重伤去世，他因工作原因未能及时回去向父亲道别，内心的哀伤、内疚、自责找不到正常的出口，加之性格内向，内心的诸多感受无法及时表达。来访者描述，虽然父亲去世他非常难过，但不知道为什么一滴眼泪也没流，他觉得自己太无情。其实这是来访者悲痛太强烈以至于不得不在潜意识中采用了情感隔离的防御机制来保护自己，可是这种内心的冲突会变成身体的症状表达出来，属于丧失后悲伤反应持续的表现。但是这种症状已经对来访者的社会功能产生一定影响，让他无法像以前那样全身心投入工作，因此需要进行咨询。

咨询方法及设置

老夏主要是由于父亲去世后产生了强烈的内疚、自责情绪，内心的哀伤感没有得到处理，仿佛这个事件并没有在他的内心结束。因此，采用格式塔疗法中的空椅子技术进行咨询。格式塔疗法是使人积极面对现实、健康成长的一个重要手段，主要是帮助来访者完成内心中那些未完成情结，如以往生活中的某些心灵创伤和刺激经历所留下的不良情绪体验（如懊恼、悔恨、内疚、愤怒等）。它们犹如一个个心结系住了人在现实生活中的自由活动，而要使人全心全意地投入现实生活，就必须排除这些心结的干扰。

咨询目标

减轻咨询者内疚、自责的情绪，缓解其头痛症状，帮助其恢复社会功能。

咨询过程

1. 咨询设置

共进行一次咨询，时长 60 分钟。

2. 具体过程

首先简单了解病史，通过倾听、共情的技术快速建立咨询关系。之后向老夏讲解他的躯体症状的原因，可能与父亲去世后产生的各种情绪未得到妥善处理有关，老夏接受了这种解释。

之后采用空椅子技术。把一张椅子放在来访者的面前，假定其父亲就坐在这张椅子上。让来访者把自己想要对父亲说却没来得及说的话表达出来。鼓励老夏用语言表达内心的感受及对父亲的回忆，直到他能够清晰具体地表达不同层次的感受来反映自己的哀伤，并渴望与其重建关系等。刚开始来访者对着对面的空椅子说话时没有太多情绪，随着咨询师不断地帮助他进行细节性的描述和回忆，来访者的情绪越来越强烈，当说到他觉得自己是个不孝子，父亲把所有的爱都给了自己，可是在父亲最需要的时候他却没法陪伴在父亲身边，让父亲孤独地离开了人世时，来访者突然放声大哭，巨大的悲痛、内疚喷涌而出。

当来访者的情绪得到足够的释放后，开始采用他人空椅技术，开启来访者与父亲之间的对话。放两张椅子在来访者面前，让他先坐在一张椅子上面，扮演自己，再坐在另一张椅子上，扮演父亲，两者展开对话，利用扮演父亲的角色抚平内疚的感觉。其后在想象层面，帮助老夏向父亲告别，最后又为他进行了积极赋意，从而使老夏原谅了自己，获得了释然。

效果评估

（1）来访者自我评估：咨询结束一个月之后，又要参加一次大型演习活动，从开始决定要参加活动，一直到演习活动结束，头痛症状都没有出现。

（2）来访者周围人评估：老夏又变回了以前的老夏，不再反复去医院了，可以全身心投入到工作中，工作效率也明显提高了。

（3）咨询师评估：一个月后，通过网络为老夏进行了 SAS 和 SCL-90 测试，SAS 得分 48 分，SCL-90 测试结果：躯体化因子得分 1.45 分、焦虑因子得分 1.67 分。分值明显降低。老夏的头疼症状完全消失，社会功能恢复，咨询有效。

参考文献

[1]库尔特·考夫卡.格式塔心理学原理[M].李维，译.北京：北京大学出版社，2010.

[2]乔伊斯.格式塔咨询与治疗技术[M].3版.叶红萍，译.北京：中国轻工业出版

社，2016.

[3] NEIMEYER. Grief therapy as intervening in meaning: principles and practices [J]. Alleviating World Suffering, 2017, 3: 165-179.

[4] GREENBERG. Emotion-focused therapy for depression [J]. Person Centered & Experiential Psychotherapies, 2017（16）: 106-117.

恐惧老鼠的女研究生

个案介绍

小张是某医科大学动物医学专业研一的女学生。自懂事起她就觉得对"老鼠"有一种恐惧的感觉，3个月前由于参观实验室看到一笼子实验用的小白鼠和黑灰色的老鼠，突然出现严重的焦虑、恐惧情绪，随后眩晕、呼吸困难、心跳加速，离开实验室后症状缓解，但不能想、不能看，也不能听到大家议论有关"老鼠"的任何事情。由于两周后学院安排她们进实验室工作，开始用"老鼠"做科学实验，又产生了严重焦虑、恐惧的情绪，故前来寻求心理咨询。

主诉

小张一直很害怕老鼠，听妈妈说大概在她三四岁的时候，一次与邻居小朋友在院子里玩耍时被一只黑灰色老鼠惊吓，7岁的时候在老家再次被老鼠惊吓，这两次的经历让小张在以后的生活中，听到老鼠这个词都会感到紧张、恐惧、心跳加速。3月的某一天，是小张研究生入学以来第一次进实验室，一进实验室就看到门旁边有一笼子实验用的小白鼠和黑灰色的老鼠，小张立刻感到焦虑、恐惧，躯体反应强烈，随后眩晕、呼吸困难、心跳加速。从这天开始，小张几乎每天晚上睡觉都会做噩梦。只要一想起当天的场景，躯体反应就会出现。因此，小张后来就再也没有进过实验室。

最近，因为两周后需要开始进行课题的实质性实验研究，必须得进实验室，小张焦虑、恐惧的情绪加剧，睡眠质量也很差。一想到将不得不进实验室，不得不拿小白鼠做实验，小张就觉得这实在是太难了，难如登天。

经历的重要事件

（1）大概在小张三四岁的时候，一次与好朋友在院子里玩耍时，一只黑灰色的老鼠突然从小张脚边跑出来，小张受到了惊吓，后来经过妈妈多次安抚，才得以缓解。

（2）小张 7 岁时，回河北老家玩耍，又有一只老鼠突然出现，小张再次受到惊吓，很长时间都不能缓解紧张、恐惧的情绪。至此，只要想到、听到和看到老鼠都会出现焦虑、恐惧的情绪，经过两周的心理调节才有所缓解。

问题评估

该案例属于焦虑障碍中的特定恐怖症，又称物体恐怖症（恐惧老鼠）。小张伴有明显的恐怖症状。症状类似恐怖症的表现，如恐怖对象为特定的物体或情景（老鼠）；特定的恐惧一般在童年或成年早期就出现了，本案例为 3 岁初发，至 3 月进实验室看到老鼠触发焦虑、恐惧的情绪，并出现躯体症状。来访者对自身的不合理恐惧情绪有认识能力，试图克制但难以成功，有对恐惧对象的明显回避行为（一直未进实验室），目前还有两周必须进入实验室进行课题动物实验，已经无法回避接触老鼠这一事实，因而感到非常痛苦。从过去看到老鼠出现焦虑、恐怖、眩晕、呼吸困难、心跳加速等症状，到现在想到要进实验室见老鼠并做实验就会出现症状，故来寻求心理帮助。

咨询方法及设置

咨询师综合分析后，觉得这个案例适合采用行为治疗中的系统脱敏法进行治疗。系统脱敏疗法又称交互抑制法，不仅以经典条件反射学习理论为基础，而且也融合了操作条件反射的部分理论——斯金纳的正性强化和自然消退原则。因为小张是研一的学生，领悟性与接受能力较高，加之仅为特定恐怖症状的问题，持续时间尚不足 3 个月，经和小张商定后，咨询设置为每周 1 次，每次 50 分钟，初步预计三次。咨询方式是面询。

咨询目标

消除小张对老鼠的恐惧，解决其焦虑、恐惧情绪和生理症状，使其能够进入实验室进行科学实验，完成学业任务。

咨询过程

1. 第 1 次咨询

主要是收集资料，了解病史，建立治疗关系，训练小张学习放松技术。咨询师注意到肌肉放松法对小张的放松效果最好，于是建立了关于老鼠的不同情境的焦虑等级表。值得注意的是，建构焦虑等级表，既是对引发来访者特定焦虑的刺激因素的归纳整理，也是对来访者实施系统脱敏治疗的必要准备。在来访者说出引发焦虑的事件或情境后，要求其把引起焦虑的事件或情境按照引起的焦虑按由小到大的顺序排序。一般是让来访者给每个事件指定一个焦虑分数，最小焦虑是 0，最大焦虑是 100，这样就构成了一个焦虑等级表。0 表示完全放松，100 表示极度焦虑。理想的焦虑等级建构应当做到各等级之间级差均匀，是一个循序渐进的系列层次。尤其要注意的是，每一级刺激因素引起的焦虑应小到能被全身松弛所拮抗的程度，这是系统脱敏治疗成败的关键之一。要使这一等级的刺激定量恰到好处，使各等级之间的级差比较均匀，关键在于来访者本人。要使来访者闭上眼睛就可以想象出各种刺激画面，画面要具体、清晰，并且置身其中能觉察到相应的情绪变化。当然，如果有实际的刺激物，就用不着闭目想象。

2. 第 2 次咨询

先以放松技巧让小张放松下来，开始脱敏训练，按照第一次咨询中设计的焦虑等级表，由小到大依次逐渐脱敏。脱敏的过程是：先让小张想象最低等级的情境，当小张感到焦虑紧张时，停止想象并放松肌肉，待小张平静后重复上述过程。每次放松后，咨询师都要询问当下的焦虑分数，如果超过了 25 分，就需要继续放松，直到小张在这一等级上不再感到紧张焦虑为止，此时算一级脱敏。接着咨询师引导小张想象高一级的情境，然后再进行肌肉放松，如此逐级而上。

3. 第3次咨询

咨询师引导小张想象在实验室用老鼠做实验的场景，在想象过程中，一旦小张出现紧张的反应，立刻进行肌肉放松。在这次咨询过程中，有几次的紧张反应仅用肌肉放松法依然无法让小张完全放松下来，这时咨询师采用呼吸和肌肉相结合的放松方法来进行放松，直到小张对想象用老鼠做实验的整个过程不再感到紧张和恐惧，结束整个咨询。

效果评估

（1）来访者自我评估：结束咨询后第三天，进入实验室变得放松自然，在旁边观察其他同学做老鼠实验时，没有出现任何恐怖反应，解决了听到、想到、看到老鼠就会出现焦虑情绪的问题。动物实验进行到第二周时，能够与同学一起完成实验工作，解剖老鼠时没有出现异常反应。

（2）来访者同学的评估：与3月第一次进实验室看到"老鼠"时的惊叫，出现紧张、眩晕、呼吸困难、心跳加速相比，小张现在能够情绪平稳地参与实验研究。

（3）咨询师的评估：来访者内省力较好，咨询过程比较顺利，效果也比较明显。咨询结束时，想到、听到、看到"老鼠"时来访者未再出现焦虑、恐惧情绪，呼吸、心跳平稳，躯体症状基本消失。咨询随访三个月未再出现任何与"老鼠"相关的焦虑、恐惧情绪，与同学及家人交往正常。

参考文献

［1］左连跃. 系统脱敏疗法的理论研究分析［J］. 黑龙江科技信息，2010，14：162-162.

［2］温玉卓. 系统脱敏疗法的理论与应用［J］. 中小学心理健康教育，2005，5（5）：22-23.

［3］江光荣. 心理咨询的理论与实务［M］. 2版. 北京：高等教育出版社，2012.

［4］WESTBROOK，KENNERLEY，KIRK. 认知行为疗法技术与应用［M］. 方双虎，译. 北京：中国人民大学出版社，2014.

一名飞行人员的焦虑

个案介绍

某航空公司飞行人员，男，26 岁，健康疗养入院。诉"失眠、恐惧、强迫 4 月余"，无幻觉、妄想等。该来访者因 4 个月前在飞行中一次操作不当，差点出现飞行事故，返航后受到领导严厉批评，感到内疚和自责，认为自己太糟糕了，再也飞不好了。当晚出现焦虑、失眠等症状。此后失眠症状反复，并伴有紧张、焦虑，尤其在飞航班前一晚症状明显，总担心自己会出现类似情况。曾经电话咨询过心理专家，但症状缓解不明显。

成长经历

来访者的父亲大专毕业，在机关工作，母亲在某国企上班，收入较稳定。父母家族均无精神疾病历史。家里三代单传，有一个姐姐。来访者足月顺产，全家人自他出生就对他疼爱有加，但父亲对他要求较严，希望他将来可以出人头地，成为一个品学兼优的孩子，总教导他要光宗耀祖。来访者自幼性格腼腆，少言，对于家中的陌生客人常避而不见。

在幼儿园、小学、初中、高中期间，来访者朋友较少，不太会与人交往。但因为他聪明且非常勤奋用功，成绩从小学到高中都是很好的，虽然与别人的交往较少，但有家里父母、爷爷、奶奶、姐姐的理解和关爱，自己认为很顺利。上大学后，离开了熟悉的家庭环境，离开了能够包容自己的父母、爷爷、奶奶、姐姐，他就开始感到诸事不顺，有些苦恼，好在飞行院校的生活比较有规律，老师和同学也比较关心他、支持他，生活尽管比较累但他感觉很充实。3 年前以优异的学习成绩毕业分到某航空公司，得到老师们的赏识，是同学们学习的榜样。

经历的重要事件

该来访者因 4 个月前在飞行中发生一次操作不当，差点出现飞行事故，尽管事后纠正过来，但返航后受到领导严厉批评，来访者感到内疚和自责，当晚出现失眠、焦虑等症状。此后失眠症状反复，并伴有紧张焦虑，尤其在每次飞行前一晚焦虑失眠症状明显。来访者曾经电话咨询过心理专家，但焦虑失眠症状缓解不明显。最近半个月与同事来往较少，不积极参加集体活动，感情也越来越淡漠，休息日常被孤独感和自卑感笼罩。

领导和同事都说他性格内向、言语不多，与人相处时不太会表达自己的情感，但工作踏实、办事认真、不苟言笑，没发生那件事之前飞行技术很好，是飞行团队的骨干，事后他变得话更少了，工作完成得也没以前好了。

问题评论

专科检查：精神状态尚可，交流顺利，记忆、注意力等认知功能无异常，思维敏捷，情绪状态较稳定，无过激行为，自知力完整。

1. 诊断：焦虑性心理问题

评估依据：

（1）飞航班前一晚有焦虑、恐惧产生。

（2）焦虑时伴有自主神经功能紊乱，如一想到明天要飞就会出现不安、害怕等症状。

（3）出现焦虑有 3 个月的时间，且与挫折事件有关。

（4）参加集体活动更少了，造成社会功能轻度受损。

（5）自己知道焦虑情绪过分、不合理、没必要，但无法控制。

（6）有自知力，能够主动求医。

（7）智能完整，能够完成飞行任务。SCL-90 测试：人际因子 3.0 分、焦虑因子 3.0 分、抑郁因子 2.46 分、强迫因子 2.40 分、偏执因子 2.17 分、恐怖因子 2.8

分。16PF 测试：忧虑 9、紧张 8。

2. 鉴别诊断

（1）与精神病相鉴别：根据病与非病的三原则，来访者的知、情、意是统一的，对自己的心理问题有自知力，有主动求医的行为，无逻辑思维的混乱，无感知觉异常，无幻觉妄想等精神病的症状，因此可以排除精神病。

（2）与抑郁症相鉴别：虽有情绪低落，但不是主要症状，也没有兴趣缺乏、自罪自责、自杀意念等症，因此可排除抑郁症。

（3）与恐怖症鉴别：此案例没有特定的恐怖对象和回避行为，只是担心操作不好而出现焦虑，并不害怕飞行。

原因分析

1. 生物学原因

身体健康，没有器质性病变。

2. 社会原因

（1）在成长过程中一直受到家长、老师、同学的呵护，形成了"我是可爱的、完美的，别人不能批评我"的错误认知。

（2）经历了对来访者来说刺激强度较大的负性生活事件，自信心严重受挫。

3. 心理原因

（1）个性因素：追求完美，自我要求高。

（2）错误观念：认为自己不应该受到别人的批评，一旦领导批评自己就受不了，感觉自己能力不好，整个人的状态都糟糕至极。

（3）持久的负性情绪记忆：被领导批评的事情一直困扰着自己。

咨询方法及设置

咨询师综合分析后，觉得这个案例适合合理情绪疗法，因为来访者年轻、领悟性好、心智化水平较高，而且咨询师擅长合理情绪疗法。经双方商定后，咨询设置为每周 3 次，每次 50 分钟。咨询方式是面询。

咨询目标

1. 近期目标

调整认知方式，转变观念；改善来访者焦虑、烦躁、情绪低落的精神状态；帮助来访者减少失眠的生理症状，缓解心理压力。

2. 长期目标

完善来访者的个性，帮助其建立健全人格，树立自信心，积极重新认识自我。

咨询过程

1. 第一阶段

首先，咨询师利用言语和非言语行为对来访者充分表达了尊重、共情、积极关注等态度，与来访者建立了良好的咨询关系，形成安全、信任的咨询氛围；然后，通过摄入性谈话搜集来访者大量的临床资料，并形成了初步诊断，在找出来访者最希望解决的问题的基础上，和来访者共同协商制定咨询目标；最后，咨询师向来访者解释合理情绪疗法关于情绪的 ABC 理论，使来访者了解这种理论对自己的问题的解释并且接纳。

2. 第二阶段

咨询师通过理论的进一步解释和说明，使来访者在更深的层次上领悟到他的情绪问题是他现在所持有的不合理信念造成的，因此他需要对自己的问题负责。在此阶段咨询过程中，咨询师进一步明确了来访者的不合理信念。例如：来访者因为偶尔犯错，被领导批评后觉得深受打击。被人批评是一件不愉快的事情，谁也不希望它发生，这是一种合理的想法，由此产生的不愉快情绪也是适当的。但领导批评后认为自己能力不好了，认为自己糟糕至极，因此再也不相信自己能够飞好，担心随时会出现"错、忘、漏"，这就是一种不合理的信念，它符合不合理信念中"以偏概全"的典型特征。

3. 第三阶段

这是合理情绪疗法中最主要的部分。在此阶段，咨询师主要利用与不合理信念澄清的方法,帮助来访者修正或放弃原有的非理性观念,并代之以合理的信念。

咨询师:你认为是什么原因使你经常处于这种情绪状态?

来访者:几个月前在一次航班飞行中发生一次操作不当,差点出现飞行事故,尽管事后纠正过来了,但返航后受到领导严厉批评,感到内疚和自责,我觉得自己完了,太糟糕了,担心以后飞的过程中再出现类似情况,当晚就出现失眠、焦虑等症状。

咨询师:这件事情是诱发事件,但它并不是引起你紧张、焦虑情绪的直接原因。

来访者:那么什么是引起我情绪发作的原因呢?

咨询师:是你对这起偶发事件的认识。人们对自己生活中发生的事件都会有自己的看法,有的是合理的,有的是不合理的,不同的看法、解释和评价会导致不同的情绪状态。当你能认识到自己目前的情绪状态是不合理的观念所造成的,你就可以控制自己的情绪。

来访者:真的吗?

咨询师:举个例子。周六下午,你正在和战友们一起愉快地玩扑克,突然有人从后面抢走了你的扑克,你会怎样?

来访者:我一定会很生气,觉得这人怎么这么没礼貌。

咨询师:如果我告诉你他是个小孩子,你又会怎样呢?

来访者:那我当然会原谅他,不会生气了,小孩子不懂事啊!

咨询师:嗯,同一件事,都是扑克牌被抢,当你认为一个大人这么没有礼貌还做这样的事情时,你就会生气。当你认为小孩子就是调皮的,这样做是正常的时,就不会生气。所以,对事物看法的不同,才是引起你情绪的真正原因。

来访者:可我没看出自己对这件事的认识有哪些不合理的地方。

咨询师:这正是我们要讨论的问题。请你仔细地想一下,这件事为什么让你紧张焦虑?

来访者:因为领导批评我后,我感觉自己能力不行了,害怕再次飞行时出现类似错误,所以感觉紧张焦虑。

咨询师:当你被批评后,就认为自己能力不行了,再次飞行时也许会出现类似的错误,因此出现紧张焦虑。那么,你的能力不行了,这是真的吗?

来访者：也不是。我从小学习一直很好，考上军校后我的成绩都还不错，老师和同学们对我都很认可，飞行中我也没有出现过大的失误，这是第一次。

咨询师：这么说你的能力还在，只是因为受到批评，你对自己的能力产生了怀疑，是这样吗？

来访者：是的。

咨询师：那当你知道自己的能力还在，它们并没有因为被批评而消失，你的感受如何？

来访者：我感觉不那么担心了，紧张焦虑情绪也没有了，感觉好像有力量了，还挺开心的。

咨询师：是的，当你认为自己糟糕至极时，你的感受会是紧张焦虑的。当你认为自己还是可以的、你的能力还在时，你的感受是有力量的、开心的。这就说明我们的感受是与我们的观念有关系的。你的这种思维模式是长期形成的，要想很快改变它是有些困难，但是只要坚持在实践中不断改变，从一点一滴做起，出现反复不要灰心，坚持下去，一定会达到理想效果的。

来访者：谢谢您及时指出了我目前困扰的原因，我回去后会认真完成您布置的家庭作业，不断改变自己的不合理看法。

4. 第四阶段

在本阶段中，一方面，咨询师帮助来访者进一步摆脱了原有的不合理信念及思维方式，使新的观念得以强化，并体验观念改变后的情绪变化；另一方面，咨询师教给来访者深呼吸放松训练方法和肌肉放松训练法，浅度放松和深度放松法帮助他在遇到事情控制不住情绪的时候缓解焦躁情绪；在失眠时利用肌肉放松法进行深度放松，以提高应对负面情绪反应的能力。除此之外，还要给予其社会支持。疗养期间，咨询师动员单位领导和经验丰富的同事给予来访者关怀、鼓励和支持，与其一起外出观光，参加体育锻炼和文娱活动，帮助其逐渐恢复自信心，找回安全感和归属感，克服紧张焦虑，重塑信心。

效果评估

（1）来访者自我评估：自我感觉精神状态佳，对生活充满信心，失眠、焦虑和恐惧等不良症状消失。心理检测复查结果正常。

（2）来访者领导的评估：精神状态好，飞行中能坦然面对一些挫折，和同事们关系也融洽多了。

（3）咨询师的评估：来访者内省力较好，求治欲望强烈，咨询过程比较顺利，效果也比较明显。咨询结束时，SCL-90测评结果：焦虑因子1.1分、抑郁因子0.8分。测评结果正常。每晚睡眠能持续7小时以上。一年后来院疗养，心理检测评估无异常。

参考文献

［1］中国就业培训指导中心，中国心理卫生协会. 心理咨询师（二级）［C］. 北京：民族出版社，2005.

［2］中国就业培训指导中心，中国心理卫生协会. 心理咨询师（基础理论）［C］. 北京：民族出版社，2005.

［3］姚芳传，王克威. 精神科查房手册［M］. 南京：江苏科学技术出版社，2003.

"我是不是有病？"

个案介绍

　　小蔡，男，25岁，政府科员，身材匀称、长相帅气、谈吐得体、思维清晰。他大学毕业后入职，家庭条件较好，人际关系融洽，工作一直很顺利。上大学的时候谈过一个女朋友，后来分手，至今单身。在朋友和同事眼中，小蔡能力突出，做事踏实认真，考虑问题细致周到，思维缜密，谈吐得体，为人比较慷慨、体贴，常常为他人着想，大家并不觉得小蔡有什么烦恼。而就是这样一位一表人才的年轻人，却有着自己的困惑、疑虑和担心。

主诉

　　小蔡说自己作息时间规律，按时睡觉、准时起床，很少熬夜，是个很注意身体健康的人。但是最近几个月来，他觉得自己身体有些不对劲，心脏跳动频率不稳定，有时候感觉心跳很快。有一次，要坐飞机出差（那段时间有一些空难事故发生），在登机之前，他突然感觉到自己心跳很快，这让他很紧张、焦虑。小蔡联想到微信朋友圈关于现代人生活方式影响健康的文章说，如果晚上睡得晚、饮食不规律，或者工作太投入而不会排解压力的话，人们很容易出现身体疾病，甚至是癌症等。小蔡工作一直很认真，虽然没有经常熬夜到很晚，但偶尔也会加班到深夜，而且他深感压力较大，再加上自觉心动过速，这一系列的体验让他毛骨悚然，怀疑自己是不是像那些文章中所描述的一样，出现了某些问题。于是，他给自己制定了严格的作息表，比如每天晚上10点之前必须上床睡觉，早上按时起床，进行体能锻炼，好好吃饭等。尽管如此，他依然觉得没有什么好转，心跳加快症状持续存在。后来，小蔡开始辗转多家医院做各种检查，可大夫们看了检查结果之后，都说没啥事，也没有对症状做出合理的解释。这让小蔡觉得大夫们不认真、敷衍，甚至怀疑大夫们的水平，小蔡自认为大夫们没有重视他的身体变化，有些变化是检查不出来的，大夫们除了检查报告之外，应该还具备其他的诊断手段。因此，尽管在很多医院都进行了检查，且结果都正常，可是小蔡依然怀疑自己是不是得了什么病，这让他很烦恼，时常惴惴不安、焦虑。

成长经历

小蔡性格内向，父亲对小蔡要求比较严格，而且经常提供一些具体的指示，尽管有些指示小蔡并不赞同，但大多时候都会照着执行，母亲对他要求比较宽松。首次觉得心脏不舒服是那次要坐飞机出差，在登机之前，他突然感觉到自己心跳很快，他在这之前也坐过飞机，但从来没有过这种感觉。之后，他就开始关注自己的心跳、计算自己的心跳频率，结果发现频率太快、不稳定。然后是到了宾馆，刚刚躺下的时候，房间很安静，小蔡感觉到了心脏的跳动，然后又开始计算频率，结果感觉心脏跳动越来越剧烈，他吓坏了，赶紧出门散步，才慢慢平复了下来。

问题评估

根据小蔡的描述，可以认为小蔡感觉身体不适、怀疑自己有某种疾病的这种烦恼，主要是由心理因素引起的。经询问，小蔡曾在一些知名的医院做检查，而且检查的项目也不少，检查结果也确实都是"未见异常"。排除器质性病变，经测验显示焦虑因子和躯体化症状因子均大于 2.0 分，存在紧张、焦虑、躯体形式症状和疑病症状以及敏感的个性特征。

咨询方法及设置

通过小蔡所讲的一系列事情，综合其工作、生活和家庭环境等方面的信息，咨询师认为小蔡性格敏感、体验丰富，他的这种烦恼主要是由其对身体信号的过分在意和担心引起的。因此，门诊森田疗法是一个非常好的选择。咨询设置为门诊式森田疗法，每周1次，每次50分钟。

咨询目标

帮助来访者认识焦虑、恐怖、烦恼和躯体不适感是普遍存在的心身现象。咨询近期目标是打破思想矛盾，阻断精神交互作用的发生；远期目标是完善其敏感的性格特征。

咨询过程

1. 首次咨询

收集资料，建立咨询关系。针对小蔡的烦恼，对其原因进行分析。首先，小蔡是一个特别注意健康的人。他经常看一些与健康相关的文章，这让他特别注意自己的生活方式和行为习惯，担心因为生活习惯而出现某些问题。其次，小蔡性格比较敏感。这使得他很容易察觉身体变化的信号，且会将这种信号和健康联系在一起，比如和某种身体疾病的症状对应起来，对号入座，这让他很不安。最后，让小蔡感觉得了某种疾病的直接原因，是他对身体过分、长期的关注和在意。

2. 咨询中期

根据森田疗法的理论，小蔡的烦恼是"精神交互作用"的体现。具体到小蔡身上，可以这样解释：人们在平时工作和生活中，实际上是感受不到自己的心跳、脉搏等信息的，尽管它们一直存在，且按照自身的节奏规律运行着。平时感受不到，不是因为它们不存在，或者是身体健康才感觉不到，而是因为人们把注意力集中在了工作和生活上，对这些信息进行了忽略。小蔡在一次坐飞机的时候，偶然间关注了自己的心跳，这可能是当时空难发生较多，人们对坐飞机多少都会有些恐惧，这也是正常的心理现象。但小蔡没有这样想，而是认为之前没有感觉到心脏的跳动是因为身体健康，现在能感觉到是因为自己生病了，并没有把它当成是正常的生理反应。这种认识显然是不正确的，小蔡之所以有这样的体验是因为过于在意和关注自己的身体了。另外，人的心脏跳动也并非永远保持一个固定的频率，随着身心状况和环境的变化，它可能也会有所不同。如果经常去计算自己的心跳频率，那么结果自然是有变化的。

在具体咨询中，咨询师与来访者进行了一个小实验，试图让他充分理解"精神交互作用"对人们的影响。

咨询师："请把你的手伸出来，然后盯着你的手掌心，静静地盯着它看，再看。（1分钟后）好！你现在有没有感觉到手心有点热或者有点凉？"

来访者："嗯，是，是，是有点。"

咨询师："好，这种感觉在慢慢地往你的手腕扩散，然后到你的胳膊……"

来访者："啊！真的是这样，确实有这样的感觉。"

这个小实验之后，咨询师又问了小蔡一个问题："在特别忙碌、特别充实的时候，你有没有过心跳太快、心律不齐的感觉？"

来访者回忆了一下说："没有，好像都是我一个人的时候，才有这种感觉。"

咨询师又向其强调："是的，比如你一个人在宾馆的时候有这种体验，但是你出去散步之后，感觉慢慢平复了，其实是因为你的注意力转移了。"

通过咨询，来访者对自己的烦恼有了更深入的理解和体会，他认识到自己其实没有任何疾病，都是心理因素导致的。理解了这些之后，咨询师结合森田疗法"顺其自然，为所当为"的原则，给小蔡提供了几点建议：第一，将上述生理变化看作是正常的生理现象，是人类这种生物的自然规律，别人和你有同样的感觉，这不是某种疾病带来的，况且你的身体各项检查也都正常。第二，按部就班地工作、生活，尽量将注意力放在外界的人和事上，减少一个人待着的时间和频率。第三，下次再出现这种感觉的时候，先进行一组深呼吸，然后想想别的事，或者出去走走，或者写点东西等。总之，要主动转移注意力，并坚持下去，养成习惯，不要抱有"一蹴而就"的幻想。

3. 咨询后期

接下来就是靠来访者的行动了，来访者要在生活中去践行、去体会、去调整。

效果评估

（1）来访者自我评估：现在轻松了很多，生活作息比较规律，工作也挺顺利。虽然偶尔还是会出现那些感觉，不过不再过分担心，也不会一直关注它们，而是告诉自己这是正常的，然后那种感觉慢慢就变弱了。

（2）咨询师评估：对小蔡问题的分析，他均表示认同。具体实施过程中，也能观察到他有几次眼前一亮、豁然开朗的表现。他内心的困惑和担心得到了缓解，同时对自己的问题也有了更深的理解。

参考文献

［1］森田正马. 神经质的实质与治疗：精神生活的康复［M］. 藏修智，译. 北京：人民卫生出版社，1992.

［2］高良武久. 森田心理疗法：顺应自然的人生学［M］. 康成俊，商斌，译. 北京：人民卫生出版社，1989.

［3］贾蕙萱，康成俊. 森田疗法：医治心理障碍的良方［M］. 北京：中国社会科学出版社，2010.

［4］野增肇. 森田式心理咨询：处理心理危机的生活智慧［M］. 南达元，译. 上海：复旦大学出版社，2004.

［5］施旺红. 战胜自己：顺其自然的森田疗法［M］. 3 版. 西安：第四军医大学出版社，2015.

［6］施旺红. 战胜"心魔"：强迫症的森田疗法［M］. 西安：第四军医大学出版社，2015.

［7］施旺红，王晓松. 中国森田疗法实践［M］. 西安：第四军医大学出版社，2013.

睡不着的小王

个案介绍

小王，男，26 岁，安保公司职员，身高 1.8 米左右，体型微微偏瘦，穿着整齐，戴一副眼镜，言谈举止得当，看起来是一位比较注意细节、严谨的人。小王在公司已有多年的工作经验，从一名新人到成为安保队骨干，一路走来也算比较顺利。如今，已经与一名高中同学结婚多年，不过两人生活在不同的城市，目前还未生育子女。周围的同志都觉得小王是一个比较耿直、实在的人，没觉得他有什么问题，但小王却主动要求前来进行心理咨询。目前最困扰小王的就是两件事，一个是自己长期失眠，另一个则是与妻子结婚多年但一直要不上孩子。这两件事都让小王心烦意乱，头痛不已。

主诉

小王说他睡眠不好，常常失眠。在进入公司之前偶尔也会出现失眠的情况，但并不严重，当时他也没太在意。进入公司后，小王需要夜里值班。有一次因为第二天凌晨 4 点就要换岗，所以小王很早就做好了入睡的准备。在将睡未睡之际，同事说了一句梦话，一下子就把小王惊醒了。小王看了一下表，距离自己换岗的时间尚早，于是继续酝酿睡意。不过这时候入睡过程开始变得不顺利了。小王躺在床上不断地想，因为自己没有按照计划的时间睡觉，会不会到时间起不来？如果闹钟坏了自己漏岗了怎么办？不知不觉，一个小时过去了，同事到时间起床去换岗，小王又看了看表，发现距离自己预定的睡觉时间过去很久了，然后，他开始强迫自己赶紧入睡，对自己说："不行，不行，得赶紧睡着，要不然一会儿就没得睡了。"可小王越是想睡觉越是睡不着，就这样，他辗转反侧，时间一点一点流失，他始终无法入睡，而且越来越紧张，心跳越来越快。终于熬到了凌晨4点，他昏昏沉沉地从床上爬了下来……

从那天以后，小王就开始经常失眠，每当要睡觉前，他就开始担心，害怕自己再次睡不着。尤其是有夜岗的时候，焦虑得根本无法入睡，甚至是彻夜不眠。领导了解到小王的情况之后就没有再安排他值夜班站岗了，但他还是会时常失眠。因此，小王感到非常困惑，怀疑自己是不是有什么疾病，为什么总是睡不着。尤其是有同事拿这个开玩笑的时候，他就更坚信自己是得病了，这让他非常焦虑。

另外一件让小王焦虑的事就是他和妻子一直没能要上孩子，而且家里一直在催着要孩子。由于和妻子两地分居，每次自己回家都会特别珍惜与妻子的相处时间，两个人算着日子行房，就为了能怀孕。每次行房前小王都会控制不住地想，万一这次没成功怎么办？再等一年妻子年纪又大了一岁，生育会不会更困难？他越想越紧张，一直到现在两人都没有要上孩子。

成长经历

小王自小生活在和谐的家庭中，父母都是公务员，从小到大，小王都是父母眼中的"好孩子"，对父母言听计从。父母很爱小王，同时对他要求也比较严格。小王自己也非常努力，学习和工作目标都很明确。生活中，他没有经历过重大事件，一路走来也比较顺利，他也很认可自己，且对自己和家人的身心状态比较关心。

问题评估

根据小王的描述，咨询师认为小王是因为"过分担心"引起的睡眠问题，有一定的内心冲突和追求完美的焦虑状态。经检查未见器质性改变，咨询过程中了解到，该来访者无睡眠障碍遗传史，生活也没有经历重大事件，社会功能完好。结合其心理检测结果显示焦虑因子分值偏高，性格量表测试显示其具有追求完美的性格特点。

咨询方法及设置

根据小王提供的信息，可以确定其没有身体疾病。所谓失眠，只是心理因素引起的，他陷入了"失眠—预期焦虑—失眠"的陷阱。森田疗法认为"失眠—预期焦虑—失眠"的恶性循环是"精神交互作用"的具体表现之一。精神交互作用是指，因某种感觉偶尔引起对它的注意集中和指向，这种感觉就会变得敏感，感觉的过敏使注意力进一步固定于此感觉。这种感觉由于注意彼此的促进、交互作用，致使感觉更加过敏。具体在小王身上的表现是这样的：其认真、敏感和追求完美的性格倾向，使其既害怕自己脱岗、不能很好地完成工作，又害怕自己睡眠不够；在这种心理冲突下，他渴望赶快入睡，并特别关注自己的睡眠时间，如此的焦虑和担心使其过分注意"睡不着"的感觉，越注意越敏感，越敏感越觉得自己"睡不着"。针对他这种由于"过分担心"而引起的睡眠问题，咨询师经过综合分析决定，对小王进行门诊森田疗法治疗，每周1次，每次50分钟。

咨询目标

首先，帮小王认识到，当今社会，生活节奏快，失眠是很多人都经历过的生理心理现象，而睡眠是人的基本生理需求，人体累到极限自然会入睡，从而缓解其心理压力。近期目标，使其明白其敏感的性格和担心失眠会影响工作的这种焦虑，才是失眠的根本原因。中期目标，帮助小王养成规律的睡眠作息表，并掌握一些入睡小技巧。远期目标，帮助小王调整性格，克服"过分敏感""追求完美"的影响。

咨询过程

1. 咨询初期

首先，咨询师帮助小王消除心中的顾虑，即担心自己有身体疾病。咨询师明确告诉他："你没有病，失眠也不是病，失眠是很多人都经历过的事情，原因多种多样，而你只是因为过分担心、在意睡眠，才导致自己睡不好。"小王听后，表示自己放心了。

2. 咨询中期

结合森田疗法"顺其自然，为所当为"的原则，在帮助小王克服失眠问题时，咨询师向其强调了两点：一是认识到睡眠是大自然的一种自然现象，任何一个生命在累极了的情况下自然会睡着。不过个体差异很大，每个人的睡眠需求不同，从 5~12 个小时不等，因此，不能强求自己必须每天睡够几个小时。换言之，睡眠是拿理智控制不了的，只要第二天能正常工作就行了（尽管效率可能会下降一点），人们主观上的各种努力都是在"帮倒忙"。二是用行动打破"失眠—预期焦虑—失眠"的恶性循环，少想多做。具体措施如下：如果前一天没睡好，第二天也要按时起床、不赖床，白天千万不能长时间睡觉，午休半个小时左右或者不午休（这一点很关键）。那么，如何能做到这一点？就是不要让自己闲着，找些事做，坚持工作和训练，最好运动一小时以上，出一身汗。如此，坚持到晚上就寝时间，身体已经非常劳累了，如果这样做，失眠的可能性会大大降低（在此，咨询师让小王回答了一个问题：在你特别忙碌、事情特别多的情况下，出现过失眠吗？小王笑了笑，说没有。这表明，小王对这一点也深有体会）。另外，睡觉前做几组深呼吸，不定闹钟，更不要一会儿看一下表，把闹钟和手机放在够不着的地方，抱着"就算一整夜睡不着，也没关系，人一两天不睡觉，依然可以正常工作"的决心，让自己安静地躺在床上。同时，脑子可以随意地想一些并不激烈的事情，不把注意力集中在自己的心跳、呼吸上面。如果实在坚持不了，可以抱着"大不了今晚不睡了"的心态，起来看看书、读读报纸等，做一些可以让眼睛疲劳、内心安静的事，不可以玩手机、电脑，也不要看电视。待稍有困意时，再躺在床上。总之，不要老想着睡眠的事。

再次，针对小王补充的"备孕事情"，咨询师也给了一点建议："受孕、生育子女是生命的自然规律，并非由我们的意志控制。你们年龄其实也不算大，所谓的生育风险并不像你想象的那样夸张。下次你们再相见时，可以选择一个风景优美、有山有水的地方去住几天，这样，你们的身心可以放松下来，注意力也会得到转移，受孕失败的担心就会减弱，到时候可能就能如你们所愿了。"

3. 咨询末期

最后，在确定小王对上述的理解和认同之后，咨询师又向其强调了一点：这些措施并非一蹴而就，需要练习和坚持，要有耐心和信心打破原有的恶性循环或者思维习惯，并养成新的习惯，不断修身养性。或许几周、几个月之后，就不会再因为类似的问题而困扰了。

效果评估

（1）来访者自我评估：在咨询结束的时候，我满心欢喜地说："原来我没病。"然后自发地重复了上述要点，言简意赅、重点突出。

（2）咨询师评估：能看得出来，小王对失眠和备孕这两个问题有了新的理解和体会，并清楚接下来该如何应对。最后小王主动表示了感谢。一个月后，对小王进行了回访，小王的回复是："最近睡觉基本没啥问题，感谢帮助与关心！"

参考文献

［1］森田正马. 神经质的实质与治疗：精神生活的康复［M］. 藏修智，译. 北京：人民卫生出版社，1992.

［2］高良武久. 森田心理疗法：顺应自然的人生学［M］. 康成俊，商斌，译. 北京：人民卫生出版社，1989.

［3］贾蕙堂，康成俊. 森田疗法：医治心理障碍的良方［M］. 北京：中国社会科学出版社，2010.

［4］野增肇. 森田式心理咨询：处理心理危机的生活智慧［M］. 南达元，译. 上海：复旦大学出版社，2004.

［5］施旺红. 战胜自己：顺其自然的森田疗法［M］. 3 版. 西安：第四军医大学出版社，2015.

［6］施旺红. 战胜"心魔"：强迫症的森田疗法［M］. 西安：第四军医大学出版社，2015.

［7］施旺红，王晓松. 中国森田疗法实践［M］. 西安：第四军医大学出版社，2013.